これならわかる
生物有機化学

太田博道 著

三共出版

はじめに

　その昔，1829年にヴェーラー（Wöhler）がシアン酸アンモンから尿素を合成するまで有機化学とは「生体物質の化学」であった．すなわち「生物有機化学」であったとも言える．その後有機化学は，生物由来の化合物の研究はもちろん，石炭からとれる芳香族化合物，石油を原料とする脂肪族化合物の合成と反応という具合にその分野を拡げていった．その間19世紀の終わりには，ブフナー（Büchner）がブドウからワインができる過程に「生命力」が不要であるという大発見をして，これを機に生体内で起こっている反応を調べる生化学が夜明けを迎える．この過程が明らかになるまでには約50年の歳月を必要とした．このようにして，重要な代謝経路が明らかになった時期と機を一にして，DNAの二重らせん構造が明らかにされ，生物を構成する化合物の意味や生物そのものの営みを有機化学の反応論で説明しようという試みがなされるようになってきた．

　生物は，単細胞生物にしろ高等生物にしろ，1つのシステムである．その恒常性を保つ機構全体を有機化学の反応論で説明することはもとより無理である．「タンパク質のリン酸化をきっかけに細胞分裂のシグナルが核内に伝わり」と言ってみても，やはり生物の機能を理解したことになるとは言い難い．何故リン酸化なのか，ということを理解してはじめて生命の機能の一端を把握し，その反応の生物に対する意味を理解することができるようになる．

　生物有機化学と題する本は少なくない．有機化学の入門書は，ページ数が決まればその内容はある程度決まってくるが，それに比べると生物有機化学のテキストは著者によって内容にかなり違いがあるように思われる．それだけ，新しい分野であるからかもしれない．概して多いのは「生物有機化学とは生体物質の有機化学」という観点からの内容である．しかし，生物が何故その化合物を選んだか，ということも極めて重要なことで，その説明に著者はやや物足りなさを感じていた．例えば，タンパク質は何故ポリペプチドであって，ポリエステルではないのか？何故脂肪酸合成には補酵素Aが使われるのか？ α-ケト酸の脱炭酸に何故TPPが必要なのか？この他多くのことを注意深く見ると，生命機能がいま知られているような化合物を活用していることの必然性が理解できる．本書はこのような点に気をつけて記述した．また，生体が全体として動的平衡状態を保っているのであるから，反応論の観点から生体内の反応を理解することは極めて重要で，生命機能の理解には欠かせないことである．例え

ば解糖系の最初の反応であるグルコースからフルクトースへの骨格変換もどうしても必要なデザインの一部である．このたぐいのことに関しても類書より詳しい解説を心がけたつもりである．

　本書は，有機化学の入門をすでに勉強した生物系の学生と生物に多少とも興味を持っている有機化学系の学生を対象として書いたものである．生物系の学生にややもすれば不足しがちな有機反応論の基礎を，生命反応を理解するために必要なものに限って，最初に解説した．有機化学の知識に自信のない読者は最初の章を繰り返し参照して欲しい．生命体が，有機反応論的にみて極めて合理的なプロセスに酵素の有する高度な選択性を加えて，自身の恒常性を保っていることが理解できると思う．逆に，有機化学を学ぼうとする諸君には生物の巧みさを少しでも感じて頂いて，将来の参考にして頂きたい．

　最後に三共出版の秀島功氏には，今回も一方ならぬお世話になった．末筆ながら申し添えて，深甚の謝意を表したい．

　2023年9月

著　者

目 次

序
(1) 生物有機化学とは ……………………………………………… 1
(2) 化学反応とは …………………………………………………… 1

1 有機反応論の基礎

1.1 化学反応が起こる要件と電子の偏り ……………………… 4
誘起効果（I 効果），共鳴効果（M 効果），脱離能，立体的嵩高さ，結合角の歪み，立体配座，立体配置

1.2 生体反応にとって重要な有機化学反応 …………………… 13
カルボニル化合物と求核反応剤・塩基の反応，アルドール反応・レトロアルドール反応，マイケル付加反応・レトロマイケル反応，ケト-エノール互変異性，β-ケトエステル・β-ケトカルボン酸の反応，アルデヒドの水和・アセタールの生成，ベンゾイン縮合，イオウという元素の特徴

2 糖の化学

2.1 糖の構造 ……………………………………………………… 24
アセタール構造，ピラノース・フラノース・α-とβ-配置，単糖と多糖，複合糖

2.2 糖の生合成 …………………………………………………… 28

2.3 エネルギー源としての糖 …………………………………… 29
糖の貯蔵，糖の代謝

2.4 細胞構成成分としての糖 …………………………………… 30

2.5 DNA，RNA の構成成分としての糖 ……………………… 31

2.6 細胞認識のシグナルとしての糖 …………………………… 31
グリコシル化反応，細胞膜の構造，血液型

3　アミノ酸とタンパク質

- 3.1　アミノ酸の構造と性質 …………………………………… 36
  一般式，溶液中の構造と等電点
- 3.2　ペプチド結合の生成と性質 ……………………………… 38
  ペプチド結合の生成，エステル結合とアミド結合
- 3.3　タンパク質の構造 ………………………………………… 40
  タンパク質の一次構造から四次構造，タンパク質の変成
- 3.4　タンパク質の構造を保つ化学的結合力 ………………… 42
  結合力の種類と強さ，水素結合
- 3.5　タンパク質の働き ………………………………………… 44
  構造タンパク質，機能性タンパク質

4　酵素の働き

- 4.1　酵素の分類 ………………………………………………… 48
- 4.2　酵素反応の動力学 ………………………………………… 49
  酵素反応速度式，酵素の反応加速能
- 4.3　酵素反応の制御 …………………………………………… 54
  可逆的阻害と非可逆的阻害，フィードバック阻害とフィードバック制御，医薬品としての酵素阻害剤
- 4.4　酵素反応に影響する様々な要素 ………………………… 58
- 4.5　補　酵　素 ………………………………………………… 59

5　核酸　ヌクレオシド　ヌクレオチド

- 5.1　DNAとRNAの構造 ……………………………………… 66
  核酸塩基・ヌクレオシド・ヌクレオチド，A–T・G–Cペアの意味，二重らせんの生物学的意味
- 5.2　セントラルドグマ ………………………………………… 69
  DNAからタンパク質へ，逆転写酵素，コドン，転写のコントロール
- 5.3　核酸類似物質の生理活性 ………………………………… 74

6 脂　　質

6.1 脂質の分類と構造 ……………………………………………… 78
　　けん化性脂質と不けん化性脂質，様々な脂質とその構造
6.2 脂質の生合成 …………………………………………………… 79
6.3 脂肪酸の代謝反応 ……………………………………………… 81

7 生理活性天然物

7.1 テルペン ………………………………………………………… 84
　　テルペンとは，イソプレンの生合成，テルペン類の作用
7.2 ステロイド ……………………………………………………… 89
　　ステロイドの生合成，性ホルモンと内分泌かく乱性物質
7.3 アルカロイド …………………………………………………… 91
　　チロシン由来のアルカロイド，リジンあるいはオルニチン由来のアルカロイド，トリプトファン由来のアルカロイド
7.4 ポリケチド ……………………………………………………… 95
　　ポリケチドの生合成，ポリケチドの炭素骨格の変換
7.5 ホルモンとフェロモン ………………………………………… 98
　　動物ホルモン，植物ホルモン，フェロモン
7.6 ビタミン ………………………………………………………… 103

8 解糖系の有機電子論

8.1 解糖系とは ……………………………………………………… 110
8.2 グルコースからフルクトースへの異性化 …………………… 111
8.3 フルクトースからC 3化合物へ ……………………………… 112
8.4 グリセルアルデヒド-3-リン酸からピルビン酸へ ………… 112
8.5 ピルビン酸の脱炭酸反応 ……………………………………… 114
8.6 解糖系の生理学的意義 ………………………………………… 116

9　TCAサイクルの有機電子論

9.1　TCAサイクルとは ･･････････････････････････････････ 118
9.2　TCAサイクルの化学的意味 ････････････････････････ 118
　　クエン酸の生成，クエン酸からイソクエン酸への異性化，イソクエン酸の酸化的脱炭酸，α-ケトグルタル酸の脱炭酸，フマル酸の反応・リンゴ酸への変換とアスパラギン酸の生成
9.3　グリオキシル酸サイクル ････････････････････････････ 122
9.4　TCAサイクルの生理学的意義 ･･････････････････････ 123
　　エネルギーの獲得，アミノ酸の生合成，アミノ基転移反応

付　　録　立体配置の表示法 ･･････････････････････････････ 127
索　　引 ･･ 131

序

(1) 生物有機化学とは

「生物有機」というタイトルのテキストの内容は著者によって大分違う。ここでは,以下の1,2をしっかり学び,できれば3に関しても入門的なことを学びたい。

1) 有機化学反応の基本的な考え方を学び,それを基盤として生体内反応を有機化学の言葉で理解したい。生体内で起こっている生合成や代謝反応が決して生物特有の反応ではなく,有機化合物の基本的性質を活かした巧妙な仕掛けがあることに気がつき,自然の「芸術」に感嘆の念を抱くことになるだろう。

2) 生体物質がなぜその化合物かということを,有機化学的観点から理解し,その合理性について学びたい。生体内の反応だけでなく化合物についても,限られた種類の元素の特徴を活かして巧みにデザインされており,自然が有機化合物を「熟知」していることに畏敬の念を抱くであろう。例えば,タンパク質はなぜポリエステルではなくポリアミドか,遺伝情報を担う核酸塩基は4種類か,DNAとRNAの化学構造の違いの意味は,等々。

　これらにはそうでなければならない意味があることを本書では学んで行く。

3) 生体内反応の触媒である酵素の物質変換への応用についても,その概念だけは学んでおきたい。今後,化石資源が枯渇あるいは使いづらくなっていく中,エネルギー源および化学物質として期待できるのは,太陽のエネルギーを直接あるいは間接的に活用するテクノロジーのほかは,再生可能な資源,すなわち植物以外にあり得ない。したがって,化学と生物は今より密接な関係を持つべきである。物質変換技術も,従来の一般的な有機化学的手法だけでなく,酵素を利用する物質変換やヒトに有用な基幹物質を植物から生産するための代謝工学の重要性が増すと考えられる。これらの分野の入り口をこの機会に覗いてみることは,決して道草ではないであろう。

(2) 化学反応とは

化学反応とは,原子同士の結合の組み替えが起こることである。別の言い方をすれば,ある分子が他の分子に変化することとも言える。見た目には変化し

ていても，砂糖が水に溶解することや液体が固体に変化することは反応ではない。これらの変化では分子は何ら変化していない。

　反応が起こるときには，ポテンシャルエネルギーの総和が小さくなる。言い換えるとより安定な状態へ変化する。ポテンシャルエネルギーの低い状態へ変化し得る2種のものが共存すれば，必ず反応が起こるかと言えば，そうではない。原系から生成系へ変化する際には，必ず「遷移状態」というエネルギー極大の状態（山）を越えなければならない。このエネルギーが供給されなければ反応は起こらない。原系と遷移状態のエネルギー差（活性化エネルギー）が小さい程（遷移状態の山の高さが低い程）反応は進行しやすい。ある組み合わせでは，室温程度のエネルギーでも十分遷移状態を越えることができる。この場合には，室温で両者を混ぜれば反応が起こる。ある場合には，100℃に加熱して，初めて反応が進行する。

　ある結合が切断され，新たな結合が生成して次第に原系から生成系へ変化して行く度合いを横軸にとり，それに伴うエネルギーの変化を縦軸にとった図を「反応座標」という（図1）。エネルギーが極大となっている状態が遷移状態である。極小になっているところは「中間体」である。谷の深さによっては単離できる場合もあるし，スペクトルで検出するのさえ難しい場合もある。いずれにせよ，遷移状態と中間体は仮に構造が類似していたとしても本質的に異なるものであるから，厳密に区別しなければならない。

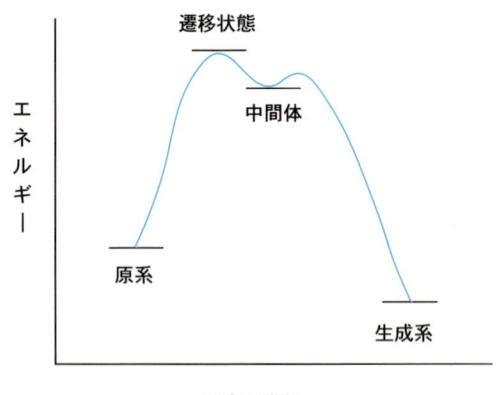

図1　反応座標

　反応が複数のステップを経て最終生成物となる場合，最も反応速度が小さいステップを律速段階という。この段階が，反応全体の速度を決めることになるからである。

1 有機反応論の基礎

　生体の細胞内では様々な有機化合物が合成され，また代謝分解されている。その動的平衡の上に生命の恒常性が保たれている。細胞内での物質変換反応の原理は，フラスコ内で起こる反応のそれと同じである。違うのは反応条件と触媒である。したがって，細胞内の化学変化を理解するためには，有機反応論の基礎を理解することが重要である。

　反応の行方や速度を左右する要因は，電子の偏りと立体的要因，すなわち置換基の大きさと相対的な配置，形および結合角の歪み等である。まずこれらのことについて学ぶことにする。

　反応場としての細胞は非常に制限された場である。まず，溶媒は水である。強い酸・塩基は使えないし，高温・高圧にすることもできない。したがって，もともと穏やかな反応条件で進行する反応が多く利用されている。特にC–C結合の生成や切断を伴う反応にはこの例が多い。生体内でしばしば利用されている反応の例について解説する。

1.1 化学反応が起こる要件と電子の偏り

　生体内の反応は，無機よりも有機化学反応が圧倒的に多い。そこでここでは，有機化学反応について考えることとする。一般に有機化合物は共有結合でできているので，＋1価や－1価のイオンを生成することはまれである。しかし，共有結合でできている分子でも全ての原子が電気的に中性であるわけではない。中性に非常に近いものから，他の原子よりもはるかにイオン性を帯びている原子まで様々である。正電荷を帯びている部分と負電荷を帯びている部分が近づくとそこに新たな結合が生成し，反応が進行する。これをイオン反応という。電気的にイオンに近いもの程，反応性に富んでいる原子である。

　では，何故電荷を帯びている部分ができるのであろうか。またどういう元素が正電荷を帯び，どういう元素が負電荷を帯びるのであろうか。さらに，電荷の正負や程度は化合物の構造は関係あるのだろうか。これらのことが理解できると，何故反応が起こるのか説明が可能となり，またどのような反応が起こるのか予想することが可能となる。

1.1.1　誘起効果（I効果）

　元素によって電子を引きつける性質に強弱の違いがある。この性質のことを電気陰性度という。電気陰性度が異なる元素同士が結合すると，その結合を形成するσ電子は電気陰性度の大きな元素の方へ偏り，正負の電荷分布が生ずる。このような電子の偏りによって化合物の反応性や酸性あるいは塩基性等が影響を受けることを誘起効果（I効果）という。電気陰性度は周期表の右側の元素ほど，また同じ縦系列では上へ行くほど大きい。したがって，電気陰性度最大の元素はフッ素であり，金属や水素は小さい。有機化合物の主役である炭素に水素が結合すれば，炭素は何がしかの負電荷を帯びるし，窒素・酸素・ハロゲン等と結合している炭素は正電荷を有する。またその度合いは結合している元素が何であるかによって違ってくる。これらの電荷を定量的に見積もるのは困難であるが，ともかくその値は0と1の間であることには間違いなく，$\delta+$とか$\delta-$と書き表す。この効果によって，定性的には反応の行方や反応性を予想することができる。例えば，式（1-1）のヨウ化メチル（**1**）では，Cがプラス，Iがマイナス電荷を帯びている。したがって水酸化物イオンが反応する相手はCであり，式（1-1a）の反応のみが進行し，式（1-1b）は起こらない。

$$\underset{\mathbf{1}}{\overset{\delta+\;\;\;\delta-}{CH_3-I}} + Na^+OH^- \longrightarrow CH_3-OH + Na^+I^- \quad (1\text{-}1a)$$

$$ \not\longrightarrow CH_3-Na + \overset{+}{I}OH^- \quad (1\text{-}1b)$$

　I効果は酸性や塩基性の強さにも影響する。酸塩基の強さはイオンに解離する度合いと直接関係あるし，I効果は電子を押したり引いたりする効果だから，互いに関係ありそうだということは容易に想像できるだろう。まずは置換基を有する酢酸の酸性につい

て考えてみたい（式（1-2））。酸性が強いということは，**1** からプロトンを解離して生成する負イオン（**2**）が安定であるということ同義である。負イオンにしろ，陽イオンにしろ，それが狭いところに固まっているよりは広い範囲に広がっている方がイオンとしての反応性は弱くなる。赤インクをコップの水の中に一滴加えたとき，それが全体に広がれば，色が薄められて目立たなくなるのと同じことと考えて差し支えない。反応性が弱いということは，そのものがより安定であると言い換えることができる。このことを非局在化による安定化という。X が H と Cl の場合を比べてみると，Cl の方が電子求引性は強いので，負電荷をより強く引きつける。すなわち負イオンを非局在化させて安定化する効果が大きいということである。したがって，酢酸とモノクロル酢酸では，後者がより強い酸であると推定できる。事実，両者の pK_a はそれぞれ 4.76 と 2.27 で（25℃），モノクロル酢酸の方が 100 倍以上強い酸である。

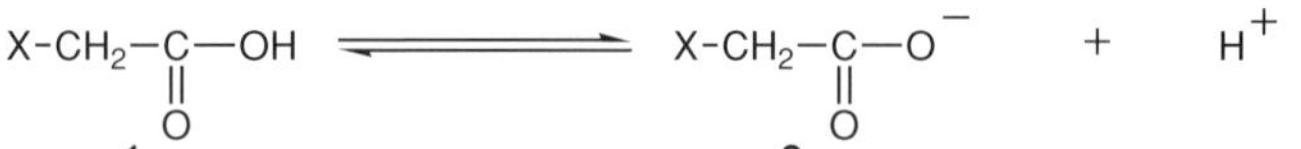

$$X-CH_2-\underset{\underset{1}{O}}{\overset{}{C}}-OH \rightleftarrows X-CH_2-\underset{\underset{2}{O}}{\overset{}{C}}-O^- + H^+ \quad (1\text{-}2)$$

次にアルキルアミンの塩基性について考えてみたい（式（1-3））。R が C_2H_5 のときと H の場合と，どちらが強い塩基であろうか。塩基であるということは，水からプロトンを引き抜くということである。したがって，N 上の電子密度が大きいほど，強塩基となる。エチル基をはじめアルキル基の I 効果は電子供与性（押し出し）である。したがって R=C_2H_5 のときの方が N 上の電子密度は大きく，アンモニアよりエチルアミンの方が強塩基であると推定できる。実際の pK_b の値はそれぞれ 4.75 および 3.37 で，推定は正しいことがわかる。

エチル基が電子供与性なら，アンモニウム塩（**2**）の N 上のプラス電荷を弱める効果があると考えても良い。電荷が弱められるということはより安定になるということであり，R=C_2H_5 のときの方が **2** はより多く生成すると考えられる。これは式（1-3）の平衡がより右へ片寄るということであり，このように考えても上記と同じ結論に達する。

$$\underset{1}{R-NH_2} + H_2O \rightleftarrows \underset{2}{R-\overset{+}{N}H_3} + \overset{-}{HO} \quad (1\text{-}3)$$

1.1.2　共鳴効果（M 効果）

以下のいずれかが原因で π 電子密度の偏りが生じ，その結果化合物や反応中間体が安定化することあるいは逆にある位置の反応性が活性化されることを共鳴効果（M 効果）という。

(1) π 結合の電子が電気陰性度の大きな原子に偏る

典型的な例は，カルボニル基の π 電子が電気陰性度の大きな酸素の方へ引きつけられて，C^+-O^- に分極する効果である（式（1-4））。電子の移動はこの図のように円弧型の

矢印で表す。また，実際のカルボニル基の状態は両方の構造の中間的な状態であり，これらの化学種が両方とも存在して，その平衡混合物になっているわけではない。そこで，これらの構造式のことを極限構造式あるいは共鳴構造式とよび，平衡混合物と区別するために矢印は両端に矢尻をつけた1本で表現する。

$$\text{C=O} \longleftrightarrow \text{C}^+\text{—O}^- \tag{1-4}$$

(2) π 結合の電子同士の軌道が重なり合って非局在化が起こる結果，電子の偏りが生ずる

カルボニル基が不飽和炭素に結合していると（化合物 **1a**），カルボニル基の π 電子と二重結合の π 電子が相互作用し得る（式 (1-5)）。すると **1b**，**1c** のような共鳴構造式が可能で，カルボニル基の炭素のみならず，2番目の炭素（β 位）の炭素も正電荷を帯びることになる。したがって，求核反応剤が α, β - 不飽和カルボニル化合物と反応する際には，カルボニル基の炭素だけではなく β 位に反応することも珍しくない。

$$\underset{\beta\ \ \alpha}{\text{C=C—C=O}} \longleftrightarrow \underset{\beta\ \ \alpha}{\text{C=C—C—O}^-} \longleftrightarrow \underset{\beta\ \ \alpha}{\text{C}^+\text{—C=C—O}^-} \tag{1-5}$$

    1a   **1b**   **1c**

また，ベンゼン環にカルボニル基が結合しているような場合には，式 (1-6) に示すように，ベンゼン環のオルト位やパラ位がプラスチャージを帯びる。

$$\text{(共鳴構造式)} \tag{1-6}$$

(3) π 結合の電子と孤立電子対（n 電子）の軌道が重なり合って，上記と同様電子の偏りが生ずる

電子はある原子上に局在するより，近くに存在する電子と軌道をオーバーラップさせて，より広い範囲を動き回る方が，その化合物全体としては安定になる。I効果の項で，イオンに関して述べたことと同様である。C–C 二重結合に孤立電子対（省略記号で n 電子）を有する元素が結合すると，π 電子と n 電子の相互作用が可能となる。この場合の電子の偏りは以下のようになる。

π 電子と n 電子が相互作用するとすれば，式 (1-7a) のような共鳴構造式を描くことができる。この正負の電荷の偏りは，電気陰性度の大きさと逆で初心者には納得し難い。しかし，逆に N の方に電子を偏らせると（式 1-7b），N 上の共有電子対の数は，孤立電子対2個，二重結合の4個，置換基 R との結合電子4個で合計10個になってしま

う。Nの軌道は最大限8個までしか電子を受け入れることはできないので，この共鳴構造式はあり得ない。したがって，π電子とn電子の相互作用があるとすればどうしても式（1-7a）で，さもなければ相互作用しないかのどちらかである。実際には式（1-7a）を考えるとうまく説明できる実験事実が知られており，この共鳴構造式の寄与が認められているのである。Nの代わりにOの場合でも全く同じことである（式1-8）。

ベンゼン環に水酸基やメトキシ基（CH_3O）が結合した場合でも同様に考えることができる。式（1-9）に示すように，共鳴構造式の上では主としてオルト位やパラ位の電子密度が大きくなることは，これらの化合物の反応性を説明するために大変都合が良い。

$$\text{（構造式 1-7a）} \tag{1-7a}$$

$$\text{（構造式 1-7b）} \tag{1-7b}$$

$$\text{（構造式 1-8）} \tag{1-8}$$

$$\text{（構造式 1-9）} \tag{1-9}$$

1.1.3 脱　離　能

炭素より電気陰性度の大きな置換基Xが他の置換基Yに置き換わる反応を置換反応という。Xが自発的に脱離して反応が進行する機構もあるが，生体反応では見られないのでここでは省略し，Yの攻撃があってはじめて反応が進行する機構についてのみ考えることとする（式（1-10））。遷移状態ではY−C結合はできかかっているし，逆にC−X結合は切れかかっている。このとき反応の速さにY^-の求核反応剤としての強さ（求核性）が影響を与えるのは当然であるが，この他にXが負イオンとしていかに脱離しやすいかということも大いに影響がある。この性質のことをXの脱離能という。この反応によって何をつくりたいかということによってYは一義的に決まる。その上で反応をより円滑に進行させるように工夫するとすれば，Xとして何を選ぶかというオプションがあり得る。生体反応では，一般的な有機化学反応ほど選択の幅は広くないが，その制約の中で自然が選んでいる工夫は，例えばアルコールの代わりにリン酸エステルを使うことである。いずれの場合も脱離基として水酸化物イオン（OH^-）ではなく，リン酸イオンのようなはるかに安定な陰イオンを利用していることになる（式（1-10））。

$$Y^- \ \overset{R^1}{\underset{R^2}{C}}-X \longrightarrow \left[Y\cdots \overset{R^1}{\underset{R^2\ R^3}{C}} \cdots X \right] \longrightarrow Y-\overset{R^1}{\underset{R^2}{C}}R^3 \ + \ X^- \qquad (1\text{-}10)$$

脱離能: $X = OH^- < RS^-,\ HO-\overset{OH}{\underset{O}{\overset{|}{P}}}-O^-$

反応速度: $R^1=R^2=R^3=CH_3\ <\ R^1=(CH_3)_2CH,\ R^2=R^3=H\ <\ R^1=CH_3CH_2CH_2,\ R^2=R^3=H$

1.1.4 立体的嵩高さ

立体的嵩高さ（立体的な大きさ）が反応の速さや選択性に影響するということは，極めて単純でわかりやすい。反応中心付近が立体的に混み合っていれば反応剤は近づき難いので，反応は遅くなるであろうし，場合によっては近づく方向が規制されて，何らかの選択性が観察されてもおかしくない。例えば，先にあげた式（1-10）の反応で，R^1〜R^3までが全てメチル基の化合物と1個がプロピル基で他の2個が水素の化合物では，互いに構造異性体であるが，反応速度は後者の方が速い。これは電子的な効果ではなく，立体的嵩高さの効果である。同じプロピル基でもn-Prとiso-Prの化合物ではn-Prの方が反応速度は大きい。理由はやはり立体的嵩高さの効果である。

1.1.5 結合角の歪み

炭素の結合はs軌道とp軌道の混成軌道であり，その状態によって正常な結合角が異なる。sp混成では180°，sp^2では120°，そしてsp^3では109.5°である。しかし，化合物によっては，必ずしもこの角度をとることができない。典型的な例は3員環や4員環等の小さな環状化合物であり，エポキシドはその代表例である。エポキシドはC−O−Cという基本骨格を有するので，エーテルの一種とみなすことができる。ところが，その反応性は一般的な鎖状エーテルよりはるかに高い。例えば，ジメチルアミンとエポキシドあるいはメチルエーテルの反応を同じ条件下で試みると，前者は反応して開環生成物を与えるが（式（1-11a）），後者は未反応のまま回収される（式（1-11b））。ジメチルアミンがエポキシドのメチレン基あるいはメチルエーテルのメチル基に反応すると期待した場合，脱離基は共にアルコキシドイオンであり，立体障害の面から言えば，むしろメチル基の方が反応性が高いと考えられるのに，実際の結果は逆である。この反応性の違いに対する合理的な説明は，エポキシドが3員環化合物で，CにもOにも結合角に歪みがかかっていて，反応性が高いということであろう。生成物ではこの結合角の歪みが解消されることは言うまでもない。

$$R-\overset{H}{\underset{O}{C}}-CH_2\ \ H\ddot{N}(CH_3)_2 \longrightarrow R-CH-CH_2-N(CH_3)_2 \qquad (1\text{-}11a)$$
$$\underset{OH}{}$$

$$R-CH_2-O-CH_3 \quad H\ddot{N}(CH_3)_2 \longrightarrow \text{No Reaction} \tag{1-11b}$$

なお，ジメチルアミンはエポキシドの2位の炭素には反応しない。末端炭素と比べると，Rが結合している分，立体障害が大きいからである。

1.1.6 立体配座

鎖状化合物のC–C単結合は自由に回転し得る。ある状態から少しでも回転すれば，2個の炭素に結合している置換基の相対的位置は変化する。この2つの状態では立体配座（コンホメーション）が異なるといい，互いに配座異性体であるという。ちょっとでも回転すれば，配座は異なるのであるから，配座異性体は無限に存在し得る。配座異性体間では置換基同士の相対的位置関係が異なるのであるから，ポテンシャルエネルギーが異なる。回転にしたがって，滑らかに変化する。立体的に大きな基同士の距離が近ければ，それらがぶつかり合うのでポテンシャルエネルギーは高いし，遠くなれば分子全体として安定で，エネルギーは低くなる。配座異性体のうち，エネルギーが極大，極小の異性体には名前がつけられている。式 (1-12a) にHとXの関係に注目してそれらを示してある。大きな基同士の二面角がゼロのエクリプスなら最も不利な配座であり，トランスの関係になれば最も有利な配座である。

注目しているC–C結合の延長線上から見た投影図（式 (1-12b)）をニューマン (Newman) 投影式という。図はXが結合している炭素側からみたものである。手前側の炭素は結合の交点で表し，向こう側の炭素は大きな円で表してある。二面角と相対的立体配座の関係はこの式の方がわかりやすい。

eclipsed or synperiplanar　　gauche　　anticlinical　　trans or antiperiplanar (1-12a)

Newman 投影式

(1-12b)

ポテンシャルエネルギーだけでなく，反応性に対してもコンホメーションは大きな効果をおよぼす。いま，HXの脱離で二重結合が生成する反応ついて考えてみたい。置換反応 (1-10) のときには，Y^- が脱離基Xの背面から攻撃し，その延長線上に X^- が離

れて行くとき反応が起り易いのであった。脱離反応の場合，塩基によってプロトンが抜かれて生じた負電荷とY⁻と同じと考えれば，その負電荷がC–X結合の反対側から近づいてくると円滑な反応が進行する。このような条件を満たすコンホメーションはHとXが同じ平面内で，しかもC–C結合に関して反対側に位置するアンチペリプラナーな配座をとったときである。一般的な溶液中の有機化学反応では，塩基がプロトンに近づき，しかも具合の良いコンホメーションとなった瞬間に反応が起こることになる。酵素反応では基質と酵素が錯体を形成する際に，それぞれの置換基が結合するサイトは決まっているのであるから，自由回転は束縛され，コンホメーションの自由度は失われる。すなわちエントロピー的には損するが，その分基質−酵素間でイオン的あるいは疎水的相互作用が働いて，エンタルピー的には得をする。その差の分だけ錯体を形成する方が有利なので，実際に反応が進行するのである。錯体形成時のコンホメーションは反応にとっては有利なコンホメーションになるので，遷移状態までの活性化エントロピーは小さくてすむことになる。

　配座異性体が存在し得るのは鎖状化合物だけではない。環状化合物でも，「無限に」というわけにはいかないが，配座異性の問題があり得る。典型的な例としてシクロヘキサンを取り上げて説明することとする。sp^3炭素の結合角が$109.5°$であるためにシクロヘキサンは平面構造ではない。式（1-13）の **1a** のような形である。椅子に似た形なのでイス型コンホメーションという。これをNewman投影式で描くと **1b** のようになる。全ての置換基や結合がゴーシュの関係になっていることがわかる。環状化合物であるため，C–C結合を回転させることはできないが，ある一定の異なる角度に変えることは可能で，C3とC5の角度を変えると，配座は **2a** のようになる。これを舟型あるいはボート型という。Newman投影式で描くと **2b** のようになり，全ての結合がエクリプスになるので非常に立体反発が大きく，不安定なコンホメーションである。実際に水素結合などで舟形が特に有利になる特別な場合を除いては，シクロヘキサンはイス型で存在すると考えて構わない。そのイス型に，もう1つのコンホメーション（**3**）が可能である。**1a** と **3** では，置換基A, B, Cの相対的な立体配置が違うことに注意して頂きたい。すなわち **1a** ではAとBは環がつくる平面と垂直な軸方向を向いている。これをアキシャル結合（axial, ax と略）という。これに対して **3** では，AとBは環がつくる平面と水平な方向を向いている。これをエクアトリアル結合（equatorial, eq と略）という。Cについても同様の違いがある。もし，AとBが大きな置換基であるときは，**1a** においてそれらの立体反発が **3** の場合より大きくなることは明らかである。これを1,3-ジアキシャルの立体反発とよぶ。置換基Cにおいても相手は水素であるが，同様のことがいえる。すなわち，大きな置換基がeqを占める立体配置の方が有利なのである。**1a** と **3** では，A, B, Cのうち2個がeqになっている分，**3** の方が有利である。

1.1.7 立体配置

　反応基質がキラル（そのものとその鏡像が重ならない，例えば不斉炭素を有する化合物は，この例である）であるときでも，反応相手がアキラル（不斉炭素をもたない）なら反応速度は立体配置に無関係で同じである。これは，ソックスを履くときのことを考えるとわかりやすい。右足と左足は実像と鏡像の関係にあるので，足はキラルであると言える。しかし，ソックスは2つとも同じなので，右足と左足を区別しない。ラセミ体のエステルを酸触媒で加水分解する際，硫酸も水も不斉炭素の立体配置の違いを認識しないので，両鏡像体とも同じ速度で加水分解される（式（1-14a））。

　ところが，靴下ではなく靴を履くときは明らかに事情が違う。右足用と左足用をきちんと区別しなければならない。これは「反応基質」である足だけでなく，「反応相手」の靴もキラルであるからだ。キラルなもの同士の相互作用は，うまく行く場合といかない場合があるということだ。

化学反応でも同じことが言える。酵素を構成するアミノ酸はグリシン以外の１９種は純粋なL型であり，キラルである。また全体としての立体構造もキラルである。したがって，不斉炭素を有する基質とES錯体を形成するときはその立体配置を識別する。このため，R体は反応するが，S体は反応しないということがあり得る（式14b）。

酵素はキラリティだけでなく，基質のプロキラリティをも識別できる。プロキラリティとは１段階の反応でキラルな生成物を与え得るような構造を有することを意味する。このような構造を有する化合物には２種類ある。プロキラル面を有する化合物とプロキラル中心を有する化合物である。

プロキラル面を有する化合物の代表的なものは非対称ケトンである。図1-1 (a) に示すように，このような化合物が酵素の結合部位に結合するモードは２種類あり得る。binding-1では大きな置換基が手前側に来るし，binding-2では小さな置換基が手前側に来る。したがって，１と２では結合エネルギーに差があるはずである。詳しい機構はここでは省略するがケトンの還元にあずかる水素陰イオンは還元型補酵素に由来するので，基質の結合様式とは無関係にある定まった方向から基質の反応点に近づく。もし１と２の結合モードのエネルギー差が十分大きければ，生成する不斉炭素の立体配置は一方に偏り，光学活性体が生成することが期待できる。

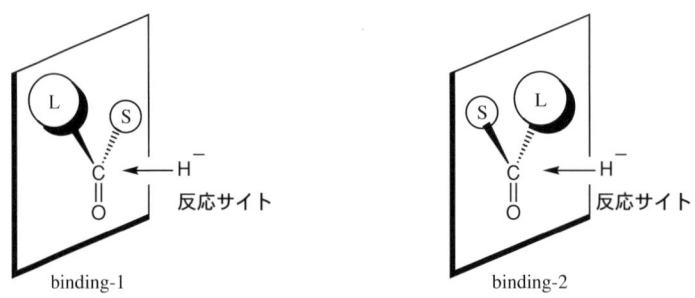

(a) プロキラル面を有する化合物

(b) プロキラル中心を有する化合物

図1-1 酵素によるプロキラリティの識別

プロキラル中心を有する化合物とは，図1-1 (b) に示すように中心炭素に結合した２個の同じ反応サイト（この場合はエステル）を有し，それらの他に異なる置換基２個を有する化合物である。酵素の加水分解活性を有する部位はある特定の位置に決まって

いる。その活性部位にどちらのエステル基が結合するかによって，手前側に来るのは大きな置換基であるか小さい方であるかの違いが生じ，プロキラル面を有する化合物の場合と同様，結合エネルギーに差ができる。仮に binding-1 で反応が進行した場合，生成物はラセミ体ではなく，光学活性体となることはご自身で確認して頂きたい。

このように，立体配置の違いが反応速度に重要な影響を与えることは，酵素反応の大きな特徴であるのでしっかり理解しなければならない。

1.2　生体反応にとって重要な有機化学反応

細胞内は，様々な有機化合物が混在している。多数存在する有機化合物のうち，必要なものだけが必要な変換反応を受けて，必要なものが生合成され，全体としてバランスを保っている。それらの反応は全て酵素によって触媒されるので，細胞あるいは生体全体としてのバランスは酵素反応の選択性に依存している。また，必要な酵素の生合成は，DNA から RNA への転写によって調整されている。このように，全体的なシステムが有効に働いていることがすなわち生命体が生きているということである。しかし，驚異的な反応の選択性を別にすると，個々の反応自体は魔法のような生体独自の反応があるわけではなく，ごくありふれた有機化学反応，それも有機化学的な意味で温和な条件下で進行し得る限られた数の反応である。有機金属錯体などの特別な工夫を凝らした触媒ではなく，カルボン酸やアミンなどのそれほど強くない酸塩基触媒で，しかも水溶液中，室温付近で進行し得る反応のみを有効に組み合わせて，生命の恒常性は維持されているのである。ちょっと考えてみれば，地球上どこでもあるような元素のみを使うのでなければ，生物の進化などあり得ないことは納得できるであろう。この節では生体反応を有機化学的観点から理解できるようになるため，生体内で利用されている有機化学反応の機構について学ぶこととする。

1.2.1　カルボニル化合物と求核反応剤・塩基の反応

カルボニル基では，σ 電子も π 電子も電気陰性度の大きい酸素の方へ偏るので，電荷の分極が大きく，様々な反応にとって最も重要な官能基である。カルボニル基を含む化合物としてはアルデヒド，ケトン，カルボン酸誘導体（酸無水物，チオエステル，エステル，アミド）をあげることができる。反応性はこれらの化合物間で違うのであるが，その点は必要に応じて説明することとし，まずは全体に共通することについて説明する。

カルボニル基の炭素は，正電荷を帯びているので，求核反応剤と容易に反応する（式 (1-15)）中間体は求核反応剤が付加したオキシアニオン（**1**）であるが，ここから置換基 X の性質によって反応は 2 種類の経路に分かれる。X の負イオンとしての脱離能が小さければ，オキシアニオンにプロトンが付加して反応が完結する（式 (1-15a)）。生成物はアルコール（**2**）である。X の脱離能が大きければ，これが脱離して再びカルボ

ニル化合物を与える（式（1-15b））。このとき，生成物は求核反応剤 Nu⁻ と反応しないことが条件となる。一般的な有機化学反応でも適当な X と Nu⁻ の組み合わせで，この両方の反応とも可能であるが，酵素反応ではさらに基質特異性による制御もあり得る。

$$R-\underset{O}{\overset{\|}{C}}-X \longleftrightarrow R-\underset{O^-}{\overset{+}{C}}-X \xrightarrow{Nu^-} \left[R-\underset{O^-}{\overset{Nu}{\underset{|}{C}}}-X\right] \xrightarrow{H^+} R-\underset{OH}{\overset{Nu}{\underset{|}{C}}}-X \quad (1\text{-}15a)$$
$$\mathbf{1} \qquad\qquad \mathbf{2}$$
$$\xrightarrow{-X^-} R-\underset{O}{\overset{\|}{C}}-Nu \quad (1\text{-}15b)$$

　同じ負電荷を有する反応剤でも炭素と結合をつくる性質（求核性）は弱く，プロトンを引き抜く性質（塩基性）の強いものがある。これが塩基である。このような化合物がカルボニル基を有する化合物と反応すると，カルボニル基が結合している炭素（この位置をカルボニル基の α 位とよぶ。さらにそのとなりから順に β 位，γ 位，δ 位である）に結合している水素をプロトンとして引き抜く（式（1-16））。これは，プロトンが引き抜かれて生ずる炭素陰イオン（カルバニオン）がカルボニル基との共鳴効果によって安定化されるからである。この陰イオンは二重結合（命名法で ene）に水酸基が結合している化合物（命名法で ol）の陰イオンとみなすことができるので enolate（エノラート）とよばれる。

$$R^1-CH_2-\underset{O}{\overset{\|}{C}}-R^2 \xrightarrow{B^-} R^1-\overset{-}{CH}-\underset{O}{\overset{\|}{C}}-R^2 \longleftrightarrow R^1-CH=\underset{O^-}{\underset{|}{C}}-R^2 \quad (1\text{-}16)$$
$$\qquad\qquad\qquad\qquad\qquad\qquad\qquad\qquad\qquad\qquad\text{エノラート}$$

1.2.2　アルドール反応・レトロアルドール反応

　カルボニル化合物からエノラートが容易に生成すること，カルボニル基は求核反応剤と容易に反応し得ることを組み合わせると汎用性の高い C–C 結合生成反応が成り立つ（式（1-17a））。すなわち，カルボニル化合物から塩基の作用で生成した炭素陰イオンが，もう 1 分子のカルボニル炭素を求核攻撃すると，C–C 結合が生成する。中間体のオキシアニオンにプロトンが付加して生成する化合物が一般にアルドール型化合物とよばれる化合物（**2**）なので，この反応をアルドール反応とよぶ。アルドール型化合物とは広く β 位に水酸基を有するカルボニル化合物のことを指す。中間体のオキシアニオン（**1**）からプロトンの移動で再度炭素陰イオンとなり，そこから水酸化物イオンが脱離して α,β-不飽和カルボニル化合物（**4**）が最終生成物になることもある。この化合物はアルドールではないが，共通の反応機構で生成するので，この場合にも反応はアルドール反応とよぶ。いずれの生成物になるにせよ，この反応は温和な条件化で C–C 結合を生

成する反応として，極めて重要な反応である．

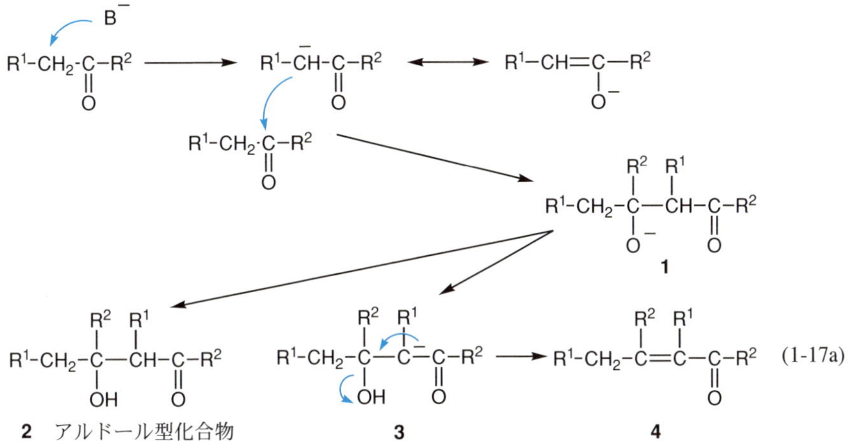

$$\text{R}^1\text{-CH}_2\text{-C-R}^2 \xrightarrow{B^-} \text{R}^1\text{-CH-C-R}^2 \longleftrightarrow \text{R}^1\text{-CH=C-R}^2 \tag{1-17a}$$

2 アルドール型化合物　　**3**　　**4**

以上，説明を簡単にするために同一分子間の反応として述べたが，実際には異なる2種類のカルボニル化合物間でも同様の反応が可能である．これを交差アルドール反応とよぶ．一般的な有機化学反応では，2種類のカルボニル化合物の一方からのみ選択的にエノラートを発生させ，それをまた選択的に他方の分子との間で反応させることは，極めて困難な問題である．酵素反応の場合には，アルドラーゼという酵素があり，それぞれの基質が結合する部位は決まっているのであるから，選択的な交差アルドール反応も容易に進行する．

　アルドール反応は本質的に可逆反応である（式（1-17b））．アルドールから塩基の作用で水酸基のプロトンが抜かれてオキシアニオン（**1**）が生成する．電子が押し込まれてC–C結合が切断されると中性分子と安定なエノラートが生成する．したがって，このC–C結合開裂反応は容易に起こり，もとのカルボニル化合物2分子が生成することになる．この反応は，温和な条件化でC–C結合を切断する反応として，代謝反応には非常に重要な地位を占めている（p.30, 式（2-2）参照）．

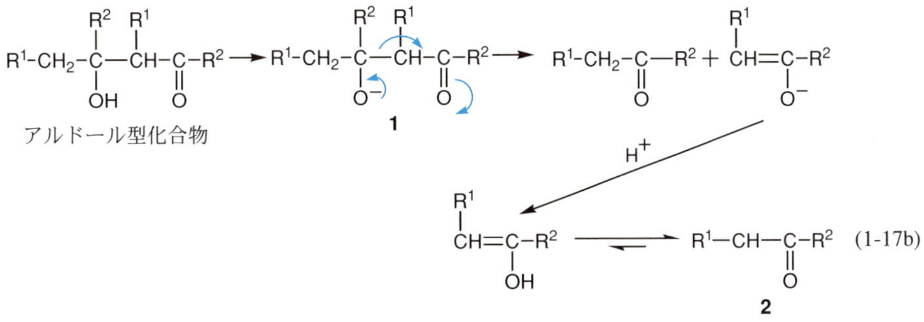

アルドール型化合物　　**1**　　　　　　　　　　　　　　　　　　　(1-17b)

2

1.2.3　マイケル付加反応・レトロマイケル反応

　α, β-不飽和カルボニル化合物では，式（1-5）に示したようにカルボニル基のβ位が正電荷を帯びる共鳴構造式の寄与がある．したがって，この位置への求核反応剤（HO⁻,

RS⁻，アミン，C⁻など）の付加が可能である．本来電子密度の高い二重結合炭素への求核剤が付加するというのであるから，この反応は特異な反応であり，マイケル（Michael）反応という（式1-18）．その特異性の故に，生体反応でも大いに使われていて，特にカルボン酸エステルやカルボン酸それ自体を基質としたマイケル反応がしばしば見られる．このような機構で求核剤の攻撃を受ける化合物をマイケル受容体という．

$$\text{R-CH=CH-C-X} \longleftrightarrow \text{R-CH=CH-C-X} \longleftrightarrow \text{R-CH-CH=C-X} \longrightarrow$$

$$\text{R-CH-CH=C-X} \xrightarrow{H^+} \text{R-CH-CH=C-X} \rightleftarrows \text{R-CH-CH}_2\text{-C-X} \quad (1\text{-}18)$$

マイケル反応の逆反応も容易に起こる（式（1-19））．これまでに何回か述べたようにカルボニル基のα位の水素は酸性が大きく，プロトンとして抜けやすい．こうしてα位が負電荷を帯びると，隣接位から水酸化物イオン（あるいは他の陰イオン）が簡単に抜けて二重結合化合物が生成する．この反応をレトロマイケル反応とよぶ．生体内では，脂肪酸の生合成に利用されている（p.80, 図6-3参照）．

$$\text{R-CH-CH}_2\text{-C-X} \longrightarrow \text{R-CH-CH-C-X} \longrightarrow \text{R-CH=CH-C-X} \quad (1\text{-}19)$$

1.2.4 ケト-エノール互変異性

ケトンのα位のプロトンが，カルボニル基の酸素に移動すると，二重結合炭素に水酸基が結合したアルコールとなる（式（1-20））．命名法でいうところの ene（二重結合），ol（アルコール）なので，このアルコールのことを enol＝エノールとよぶ．この異性化を互変異性という．ケト型の方が熱力学的に圧倒的に安定で，エノールとの平衡は，一般的には考えなくても良い．すなわち，何らかの反応でエノールが生成したら，それはケトンが生成したのと同じことであると考えて差し支えない．

$$\text{R}^1\text{-CH}_2\text{-C-R}^2 \rightleftarrows \text{R}^1\text{-CH=C-R}^2 \quad (1\text{-}20)$$

ケト型　　　　エノール型

1.2.5 β-ケトエステル・β-ケトカルボン酸の反応

1.2.2 でレトロアルドール反応による C–C 結合の切断について述べた．カルボニル基のβ位にオキシアニオンが生成する反応が鍵となって，あとは安定なアニオンであるエノラートを生成するような電子移動で C–C 結合の切断が起こるのであった．この鍵中間体が生成しさえすれば同じタイプの反応が可能なはずである．とすると出発物質は

必ずしもアルドール型の化合物でなくても良い。β-ジケトンあるいはβ-ケトエステルのカルボニル炭素に求核反応剤が付加すれば，この鍵中間体が生成する（式（1-21））。非対称なβ-ジケトンでは，位置選択性の問題がややこしいが，β-ケトエステルならケトンのカルボニル基とエステルのそれでは前者の反応性が高いので，一般的な有機化学反応でも区別はできる。酵素反応なら位置選択性に関しては問題ない。実際の生体反応では後に紹介するように脂肪酸の代謝分解でこのタイプ反応が活用されている（p.81, 図6-4参照）。

$$R-\underset{\underset{O}{\|}}{C}-CH_2-\underset{\underset{O}{\|}}{C}-X \longrightarrow R-\underset{\underset{O^-}{|}}{\overset{\overset{Nu}{|}}{C}}-CH_2-\underset{\underset{O}{\|}}{C}-X \longrightarrow R-\underset{\underset{O}{\|}}{\overset{\overset{Nu}{|}}{C}} + CH_2=\underset{\underset{O^-}{|}}{C}-X$$

$$CH_2=\underset{\underset{OH}{|}}{C}-X \longrightarrow CH_3-\underset{\underset{O}{\|}}{C}-X \quad (1\text{-}21)$$

好気的生物は，栄養として得た炭水化物を酸化してエネルギーを得て，自分の生を支えている。元素としての炭素は，生体で最終的に二酸化炭素となる。二酸化炭素を放出し得る前駆体有機化合物としては，カルボン酸しか考えられない。しかし，一般的なカルボン酸は温和な条件下で脱炭酸するような化合物ではない。そこで何らかの工夫が必要になる。実際に非常に脱炭酸しやすいカルボン酸は，式（1-22）のβ-ケト酸（**1**）である。6員環状に書き直してみると（**2**），カルボキシル基のプロトンがβ位のカルボニル基の酸素と水素結合を形成し得ることがわかる。この状態で容易に起こり得る電子移動を矢印に示すように描くと，C−C結合が切断されて二酸化炭素が生成することが理解できるだろう。残りの部分はエノールである。これは簡単にケト型に異性化する（式（1-20）参照）。実際にβ-ケトカルボン酸はエステルなら安定であるが，遊離の酸としては取り扱いが困難であるほど，脱炭酸しやすい化合物である。生体反応としては典型的な例がTCAサイクルに見られる（p.119, 図9-1参照）。

$$R-\underset{\underset{O}{\|}}{C}-CH_2-\underset{\underset{O}{\|}}{C}-OH \equiv \underset{\mathbf{2}}{\text{(6員環状)}} \longrightarrow R-\underset{CH_2}{\overset{OH}{C}}= + O=C=O$$

$$\longrightarrow R-\underset{\underset{O}{\|}}{C}-CH_3 \quad (1\text{-}22)$$

1.2.6 アルデヒドの水和・アセタールの生成

アルデヒドは，カルボニル基を有する化合物の中でも，ケトンやエステに比べて反応性に富む化合物で，水やアルコールが共存すると，簡単にそれらと可逆的に付加物を形成する（式（1-23））。酸が存在すると，プロトンが酸素に付加する（**1**）。すると炭素陽イオンになる共鳴構造式（**2**）を描くことができる。これにアルコール（R^2-OH）の

酸素の孤立電子対が結合し，プロトンが抜けた化合物がヘミアセタールである．形式的にはアルデヒドのカルボニル基にアルコールが付加した形になっている．一般にヘミアセタールは不安定な化合物で，さらに反応が進行する．すなわち，水酸基にプロトンが付加して（**3**），水分子が脱離すると再び炭素陽イオン（**4**）が生成するので，これに2分子目のアルコール（R^2-OH）が付加する．この付加体からプロトンが抜けて安定な形になったものがアセタールとよばれる化合物である．別の言い方をすればアセタールとは同一炭素にアルコキシル基（RO-）が2個結合している化合物である．この化合物は酸性条件下で大量の水が存在すれば，いま述べたのとは逆の反応経路をたどりカルボニル化合物とアルコールを生成するが，中性では水の中でも安定な化合物である．

$$(1\text{-}23)$$

単糖の構造は後に述べるように直鎖状でも存在するが，平衡は圧倒的に環状（5〜6員環）に片寄っている．この糖の環状構造は，一般的には不安定なヘミアセタール構造なのである．言い換えれば単糖は例外的に安定なヘミアセタールである（式（1-24））．また，糖が2分子連結するときは，必ず一方の1位の炭素と，もう1分子の1位以外の炭素の間でC-O-C結合を形成するが（式（1-24）），実はこれはヘミアセタールからアセタールを生成していることに他ならない．

$$(1\text{-}24)$$

ヘミアセタールを形成するのと同じようにアルデヒドは水和物をも簡単に形成する（式（1-25），式（1-23）でR^2＝Hなら，ヘミアセタールと書いた構造は水和物である）．この状態で水酸基がカルボニル基に酸化されれば，アルデヒドからカルボン酸が生成することになる．このようにして生体内では，アルコールを酸化するのと同種の酵素（デヒドロゲナーゼ）でアルデヒドがカルボン酸に酸化されている．

$$R-\underset{H}{\overset{}{C}}=O \;+\; H_2O \;\rightleftharpoons\; R^1-\underset{H}{\overset{OH}{C}}-OH \;\xrightarrow{[O]}\; R-\overset{O}{\overset{\|}{C}}-OH \qquad (1\text{-}25)$$

1.2.7 ベンゾイン縮合

ベンゾイン縮合とは，2分子のベンズアルデヒドがC−C結合を生成してベンゾインを与える反応である（式 (1-26)）。注目すべき点は，形式的にはベンズアルデヒドの $\delta+$ に荷電しているカルボニル基の炭素同士が結合を形成する点であり，一筋縄ではいかない反応である。触媒としてシアン化物イオンを使う。このイオンは有毒であるという欠点は有するが，安定な炭素陰イオンであることと隣接位の炭素陰イオンを安定化するという特徴を併せ持ち，この特徴が最大限に活かされている。

$$(1\text{-}26)$$

シアン化物イオンがベンズアルデヒドに付加すると中間体 (**1**) が生成する。シアノ基の α 位のアニオンが安定であるためプロトンがCからOへ移動し，炭素陰イオン (**2**) が生成する。これで，もとはベンズアルデヒドのカルボニル炭素（$\delta+$）であった炭素が求核剤としての反応性を獲得した事になる。したがって，もう1分子のベンズアルデヒドと反応して，C−C結合を生成しても何ら不思議ではない。(**3**) から (**4**) への変換は，酸素間のプロトン移動でなんの変哲もない反応である。オキシアニオンが押し込まれて，シアン化物イオンが脱離すれば，最終生成物であるベンゾインが得られる。この反応では，それ自体がアニオンであると同時に，隣接位のアニオンを安定化する事ができる，シアン化物イオンの付加が鍵となって反応が進行している事が重要な点である。

1.2.8 イオウという元素の特徴

イオウは周期表の上では酸素の下に位置する元素で，現に硫化水素（H_2S），チオール（RSH），スルフィド（RSR）など，酸素化合物と 1:1 で対応する化合物群が知られている。しかしここで，例えば硫酸（H_2SO_4）のことを思い浮かべて頂けると，酸素とは違う性質もありそうだと見当をつけることができるのではなかろうか。実際に異なる性質を有するのである。厄介な説明は省くが，イオウは主量子数3の元素で，3s，3p の他に空の 3d 軌道を有する点で酸素と本質的に異なる。また電子のエネルギー状態も酸素とは異なるので，それが原因で以下の3つの特徴を有する。

(1) 隣接位の C⁻ の安定化

イオウ原子は隣接位の炭素陰イオンを安定化する作用がある。空の d 軌道が電子を受け入れて非局在化するからであると考えれば納得できる（式 (1-27a)）。例えばイオウで挟まれたメチレンを有する 6 員環化合物であるジチアンはブチルリチウムを作用させると炭素陰イオン（**1**）を生成する。これをハロゲン化アルキルでアルキル化し，水銀を触媒として加水分解するとアルデヒドが得られることが知られている（式 (1-27b)）。ジチアンはアセタールの酸素原子がイオウになっていると考えれば，この反応は理解できる。イオウを含まない単なるシクロヘキサンから同じ反応条件化でプロトンを引き抜くことは到底できない。生体内の反応では，解糖系で重要な補酵素であるチアミンピロリン酸（TPP）の活性がこの性質を活かしたものである（p.115, 図 8-3 参照）。

$$R^1-CH_2-SR^2 \underset{}{\overset{B^-}{\rightleftharpoons}} R^1-\overset{-}{C}H-SR^2 \qquad (1\text{-}27a)$$

$$\text{ジチアン} \xrightarrow{C_4H_9Li} \mathbf{1} \xrightarrow{R-Br} \xrightarrow[HgCl_2]{H_2O} R-\underset{H}{\overset{}{C}}=O \qquad (1\text{-}27b)$$

(2) 酸化還元ポテンシャル

チオール（RSH）は対応する酸素化合物のアルコールとは違って，容易に酸化されて対応するジスルフィドを生成する（式 (1-28)）。またジスルフィドは容易に還元されて元のチオールに戻る。このことはタンパク質の立体構造を維持するために，システイン同士がジスルフィド結合を形成すること，あるいは還元型のリポ酸が NAD⁺ の作用で簡単に酸化型に戻ることなどに活かされている。

$$R-SH \underset{[H]}{\overset{[O]}{\rightleftharpoons}} R-S-S-R \qquad (1\text{-}28)$$

チオール　　　　　ジスルフィド

(3) S-S と求核剤の反応

ジスルフィド結合は還元されやすいだけでなく，炭素陰イオンなどの求核反応剤の攻撃によって簡単に開裂する（式 (1-29)）。解糖系から酸化的脱炭酸によって TCA サイクルへ代謝反応が進んで行く際の鍵反応にこの特徴が活かされている（p.115, 図 8-3 参照）。

$$R-S-S-R \longrightarrow R-S-Nu + {}^-S-R \qquad (1\text{-}29)$$

Nu⁻ ↗ ジスルフィド

(4) スルホニウム塩の安定性

スルフィドにハロゲン化アルキルなどを反応させると，スルホニウム塩が生成する(式(1-30))。スルホニウム塩は対応する酸素化合物であるオキソニウム塩より安定である。

$$R^1-S-R^2 + R^3-X \longrightarrow \underset{\underset{R^3\ X^-}{|}}{R^1-\overset{+}{S}-R^2} \quad (1\text{-}30)$$

スルフィド　　　　　　　　　　　　　　　　スルホニウム塩

一方，スルホニウム塩は適度な反応性を有し，求核性を有する化合物とは反応し得る。したがって，生体内ではこの性質を利用して，アルキル化剤として働いている。1例を式（1-31）に示した。アデノシン-3-リン酸とメチオニンから S_N2 反応でアデノシルメチオニンが生成する。リン酸という優れた脱離能を有する基が脱離する反応なので，スルフィド程度の弱い反応性しかもたない化合物でもスルホニウム塩を形成し得る。これは逆に活性なアルキル化剤であり，求核性を有する化合物とは反応し得る。例えばノルアドレナリンのアミノ基がこのスルホニウム塩と反応するとメチル化されて，アドレナリンが生成する。アミノ基よる S_N2 反応であり，有機化学の原則にしたがって最も立体的に小さいメチル基がアミノ基と結合し，両側のメチレン基は反応しない。当然酵素によってコントロールされている反応ではあるが，化学的にみても最も反応性の高い位置が反応しているという非常に理にかなった反応である。

$$(1\text{-}31)$$

以上これまでに述べてきた有機化学の基本的な反応論が，生体反応を理解する上で重要であり，代謝反応について学ぶときに，再度必要な箇所を復習して頂きたい。そのことによって生体反応は，決して妙なトリックがあるのではなく，有機化学的に見ても理にかなった無理の無い反応で巧みにデザインされていることが理解できるであろう。

2 糖の化学

　糖は，植物が太陽のエネルギーを利用して，二酸化炭素と水から初めてつくる有機化合物である。示性式はCH_2Oで，形式的に炭素と水が結合した形になっているので，炭水化物ともいう。基本的にはHとOHが1個ずつ結合した炭素がいくつか繋がっていて，どこか1個所がカルボニル基になっていると考えて差し支えない。まず，その構造について学び，鎖状構造と環状構造があること，およびそれに基づいて分類できることを理解する。

　次に糖が有するいくつかの役割について学ぶ。まずはエネルギー源としての糖で，その生合成が「太陽のエネルギーを利用して」ということであれば，その逆反応でエネルギーが放出されることは理解できる。次は細胞成分としての糖で，これは主としてセルロースである。さらにDNAやRNAの基本骨格成分としても糖は重要な役割を果たしている。

　微量の糖が細胞表層に存在し，細胞認識にとって鍵となる重要な働きをしていることが，最近明らかになりつつある。このようなシグナル伝達を担う役割にも触れることとする。

糖は一般式 $C_nH_{2n}O_n$ で表される化合物群で，ちょうど炭素に水が結合した分子式になっているので，炭水化物ともよばれる。緑色植物が太陽のエネルギーを利用して，二酸化炭素を還元して合成する化合物である。生物にとっては，エネルギー源として，細胞の構成成分として，またシグナル化合物として重要な働きを有する。

2.1 糖の構造

2.1.1. アセタール構造

糖の一般式は先に述べたように，$C_nH_{2n}O_n$ で表され，各炭素に1個ずつ水酸基が結合していて，そのうちの1個がカルボニル基になっているアルデヒドあるいはケトンである。前者をアルドース，後者をケトースという。炭素数が5個，6個のものが多い。アルドースの主なものを図 2-1 にまとめた。その構造上，糖は不斉炭素を多く有し，立体配置の違いによって名称が異なる。こられの様々な異性体に，共通する点は下から2番目の炭素の立体配置が全て同じで，Dであるということである。下から2番目，すなわちアルデヒド炭素から最も離れた炭素の立体配置がDかLかによって，大きくD糖とL糖に分類する。その基盤は不斉炭素が1個のグリセルアルデヒドである。Fischerの投影式で書いて水酸基が右ならD糖である（DLの定義に関しては，付録を参照のこと）。

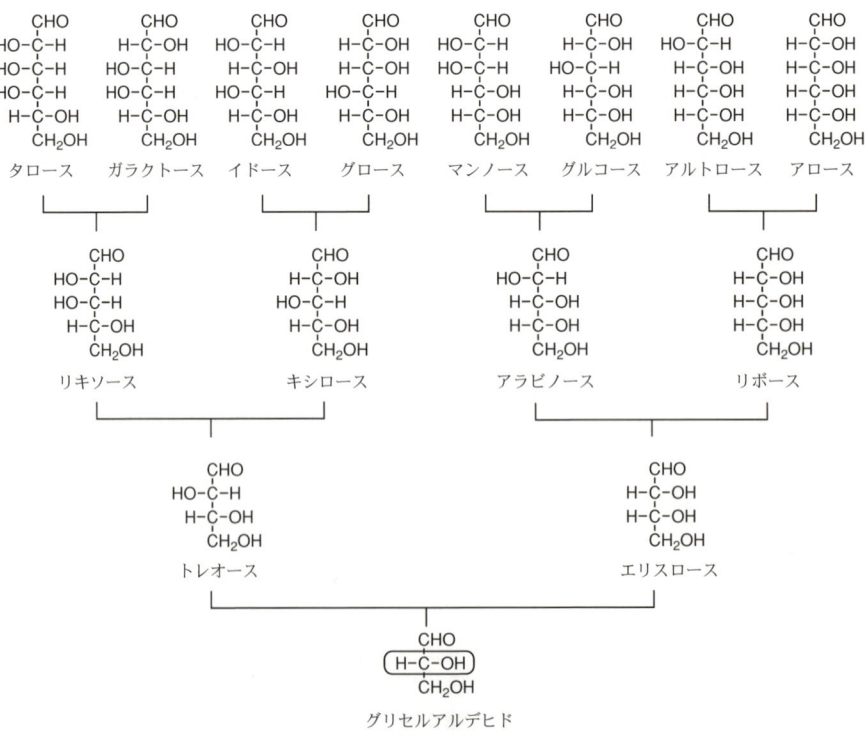

図 2-1　D体の糖の構造

図2-1では，糖の構造を直鎖状で表したが，実際には環状構造との平衡混合物で，平衡は圧倒的に環状構造に片寄っている。環状構造とは，分子内でヘミアセタールを形成し（1章2.6参照），5ないし6員環となっている。自然界に最も多い糖であるグルコースについて，Fischerの投影式はじめいくつかの表記法で構造を示すと図2-2のようになる。環状構造では1位のアルデヒドと5位の水酸基の間で環状のヘミアセタールを形成していることがわかる。この構造をとると，1位の炭素も不斉炭素となる。結晶としては別々に単離することが可能であるが，水溶液中では2種の異性体の平衡混合物となる。いくつかの表示法のうち，イス型表示が実際の形に最も近い。グルコースは全ての水酸基がエクアトリアル配置になっていて，立体障害が最も小さい有利な構造であることがわかる。水酸基同士のシス-トランスの関係が最もわかりやすい描き方はハース（Haworth）の式である。また open chain で表すと各炭素の絶対立体配置がわかりやすくなり，DLの判断のためにはフィッシャー（Fischer）の投影式が便利である。

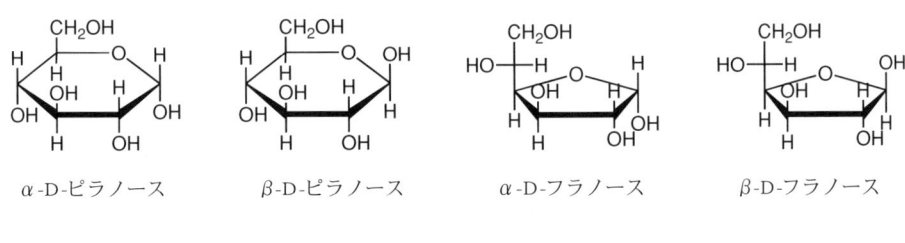

図2-2 グルコースの構造の様々な表記法

2.1.2. ピラノース・フラノース・α-とβ-配置

糖が環状ヘミアセタール構造を形成する際，6員環になるときと5員環になる場合がある。前者をピラノース，後者をフラノースという（図2-3）。この言葉は有機化合物の命名法の6員環および5員環の基本骨格を表す言葉からきている。

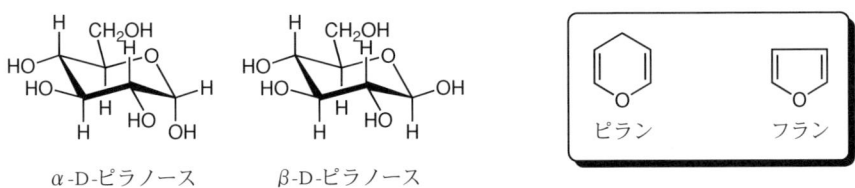

図2-3 ピラノースとフラノース

環状構造をとると，1位の炭素も不斉炭素になることは前に述べた。この2種類の立体配置については，RかSかということより，酸素が上向きか下向きかということの方が糖の構造にとっては重要である。そこで上下を区別するために，上向きをβ構造，下向きをα構造と定義する。6員環では一般的には大きな置換基がエクアトリアル配置になる方が，1,3-ジアキシアルの立体反発が小さくて熱力学的に安定である。しかし，糖の場合には環構造に酸素原子が含まれていることが理由になって，水酸基がアキシアル位になったα体の方がより安定である。この効果のことをアノマー効果とよぶ。我々の生活に栄養として欠かせない多糖（糖同士が結合したポリマー）であるデンプンは，α-グルコースのポリマーである。

2.1.3. 単糖と多糖

環状構造で描いたとき，ただ1個の環からなる糖のことを単糖という。糖の基本骨格ということができる。単糖が2分子脱水縮合してアセタール構造を形成した化合物が二糖である。アセタールは，生成する際も加水分解して元の成分の糖に戻る際も，反応条件は非常に温和であることは，**1.2.6**で述べた通りである。このことは糖をエネルギー源として蓄える際には大変都合の良いことである。

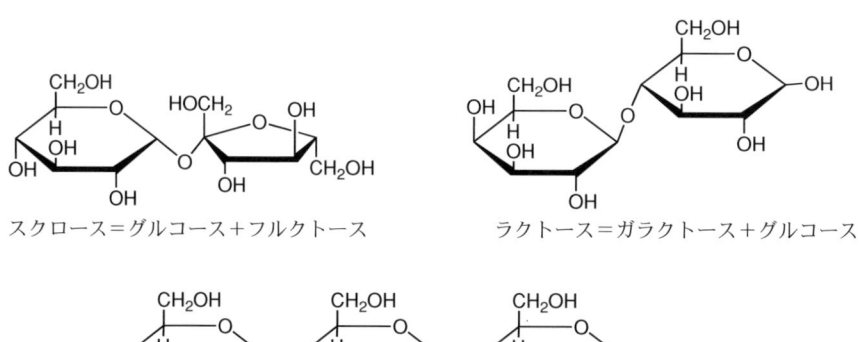

図2-4 二糖，多糖の例

一方の糖はカルボニル基の炭素で結合するが，他方はどの位置でも結合し得る。したがって，構成成分である糖が決まっても二糖の構造には様々な可能性が存在することになる。例えば図2-4に示したスクロースはグルコースとフルクトースから成る二糖の一種であるが，この2成分からからできる二糖は原理的には18種類あり得る（グルコースの1位とフルクトースのどの炭素で結合するかで5種類，αとβの立体異性体でその

2倍，フルクトースの2位とグルコースの結合でも同じことが言える。ただし，グルコースの1位とフルクトースの2位の結合は重複して数えているので，2を差し引く）。**2.6**で述べるように糖にはシグナル分子としての役割があるが，この多様性がシグナル分子としては好都合であることは言うまでもない。

糖は2個，3個だけでなくいくつでも連結し得る。数個結合したものがオリゴ糖，数が多いものが多糖である。デンプンについては先に述べたが，αではなくβ-グルコースが多数結合した多糖がセルロースである。多くの生き物はデンプンをグルコースに分解することはできるが，セルロースを加水分解してグルコースに変換できる生物はまれである。

2.1.4 複 合 糖

糖と糖以外の分子が結合した化合物を複合糖という。タンパク質と糖が結合した糖タンパク質，脂質と糖が結合した糖脂質が主なものである。糖タンパク質は，まずタンパク質が合成されてから糖と反応して生成するので，翻訳後修飾という。翻訳とは，DNAの塩基配列という情報がm-RNAを介してアミノ酸の結合順として実体化されることである。タンパク質のアミノ酸残基のうち，セリン，トレオニンの水酸基およびアスパラギンのγ位のNH_2が糖の1位とアセタールあるいはアミナール結合を介して結びつく（図2-5，**1**, **2**）。これによってタンパク質の機能は変化する。遺伝子の数とタンパク質の数は1:1の対応があるが，この翻訳後修飾によってタンパク質は遺伝子の数以上の多種類になり得るのである。

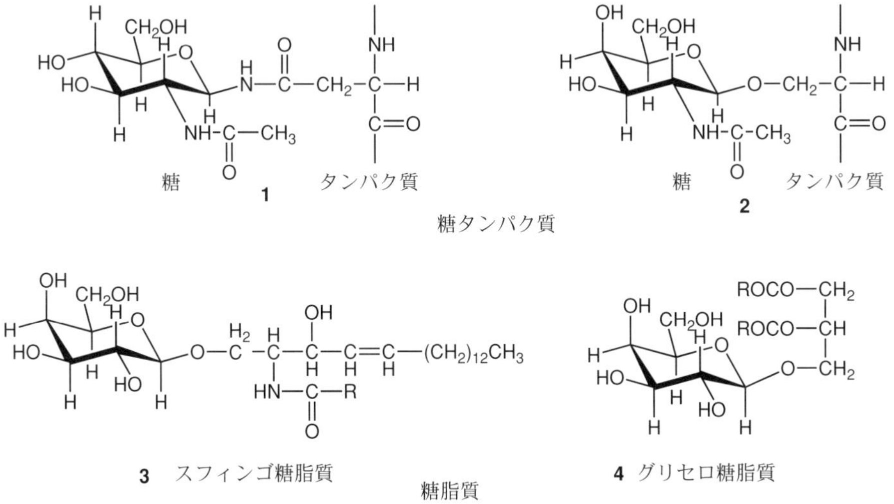

図2-5 複合糖の例

糖脂質は細胞表層に多く存在する。細胞膜は後述するように脂質二重層でできていて，極性部分が表面に出ている。その極性部分の一部がオリゴ糖と結合していて，細胞外に

提示されているのである。具体的な例としては，例えば図 2-5 に示したスフィンゴ糖脂質（**3**），グリセロ糖脂質（**4**）などがある。バクテリアやウィルスが他の細胞に寄生するときには，このオリゴ糖のシグナルを認識し，自身にとってホストとして有用な細胞であるかどうかを判断して侵入する。また，抗原抗体反応も糖鎖を認識して，自己と非自己を区別することが明らかとなっている。

このような働きをしている糖は，エネルギー源となっている糖に比べれば極微量であり，化学分析による検出や構造決定は非常に困難である。したがって，シグナルとしての糖の役割が少しずつ明らかになってきているのは，つい最近のことである。

2.2 糖の生合成

糖は自然がつくる最初の有機化合物である。緑色植物が太陽光のエネルギーを利用して二酸化炭素と水からつくり，その際酸素が副生する。地球上で最初にこの反応を実現したのは植物ではなく，シアノバクテリアという細菌の一種で，約 27 億年前とされる。このときから大気中の二酸化炭素は減り始め，逆に酸素濃度は増加していった。約 10 億年前には現在と同じレベルに達し，その後はほぼ一定である。二酸化炭素の濃度は，産業革命以前は 280 ppm で，現在は 350 ppm 程度であるから，人類が化石資源を使い始めてから増えていることは確かである。

太陽から地球に届くエネルギーは 54.4×10^{20} kJ/year で，そのうち地球に有効に作用するエネルギーは約半分の 25.1×10^{20} kJ/year である。そのうち光合成に使われるエネルギーは 0.08×10^{20} kJ/year で，地球に届く太陽エネルギーの 0.32% にあたる。この値は少ないように感ずるかもしれないが，人類が 1 年で消費するエネルギーは 0.0037×10^{20} kJ，食料として消費するエネルギーは 0.000188×10^{20} kJ/year という数字と比べると，再生可能なエネルギーだけで，我々の文明は維持可能であることも物語っている。光合成に使われるエネルギーが意外に少ないのは，植物が利用できる波長が限定されているからである。植物の葉が緑色であるのは，光合成に重要な働きをしているクロロフィルが緑の反対色である赤色光を吸収しているからに他ならない。いずれにせよ，植物は水を活性化して，二酸化炭素を還元しているのである（式 (2-1)）。この反応は 479 kJ/mol の吸熱反応である。そのエネルギーが太陽光のエネルギーということになる。炭素と水素の酸化物（CO_2 と H_2O）をより還元された状態にするということは，化学結合のエネルギーを蓄えたことになる。蓄えるのであるから吸熱反応である。逆にある化合物を酸化すれば発熱反応となる。要するにある元素が還元されている状態にあるときはポテンシャルエネルギーが高く，すなわちエネルギーを化学結合のエネルギーとして持っていることになり，それが酸素と結合すればより安定な状態に移行するということで，反応としては発熱反応である。

$$CO_2 + H_2O \xrightarrow{\text{太陽エネルギー（赤色光）}} \frac{1}{n}(CH_2O)_n + O_2 \quad -479 \text{ kJ/mol} \qquad (2\text{-}1)$$

　二酸化炭素1モルの還元で479 kJ/molの吸熱反応であるということは，グルコース1モルを酸化すれば，479 kJ/molの6倍，すなわち2874 kJ/molのエネルギーの発熱が期待できることになる。

　このようにして化学結合のエネルギーとして蓄えられた太陽エネルギーの約0.01%が毎年地中に埋もれ，長い年月を経て化石燃料となる。約20億年かけて蓄えてきたものを，今のペースで行けばせいぜい150年で使い切ってしまうというのが，いまの地球規模のエネルギー問題である。セルロースの有効利用とそのための効率の高いテクノロジーの発展が喫緊の課題である。

2.3　エネルギー源としての糖

　糖は上で述べたように，その酸化反応でエネルギーを放出する化合物である。動物でも植物でも栄養補給が円滑に行かないときのために糖分を体内に蓄える工夫をしている。

2.3.1　糖の貯蔵

　生き物でも，生き物でなくても，体の温度を一定に保つためや運動するためには，エネルギーが必要である。例えば自動車が走るためには，常にエンジンにガソリンを供給しなければならない。生物，例えばヒトが動くためのエネルギーは食事として摂る糖分である。しかし，生き物は自動車と違って，常にエネルギー源を取り入れるわけにはいかない（我々はのべつまくなしに食べているわけではない）。したがって，すぐ利用できる形で体内に糖分を蓄えておく必要がある。植物ではデンプン，動物ではグリコーゲンである。いずれもグルコースのポリマーで，加水分解すればただちに解糖系の基質となり，代謝反応の経路にのることになる。

2.3.2　糖の代謝

　デンプンあるいはグリコーゲンは加水分解されてグルコースとなり，多くの生物が有する解糖系という代謝経路でピルビン酸まで代謝される。グルコースは異性体であるフルクトースに変化し，リン酸化された後，レトロアルドール反応でジヒドロオキシアセトンリン酸とグリセルアルデヒド-3-リン酸となる。この2つの化合物は互いに異性体であり，容易に異性化し得る。したがって，後者からの反応経路だけがあれば十分で，両者ともピルビン酸となる（式（2-2））。

　ピルビン酸からの経路は生物あるいは生育条件によって異なる。乳酸菌はピルビン酸を還元して乳酸を生成する。乳酸の分子式はC, H, Oともグルコースのちょうど半分で

[化学構造式: グルコース → フルクトース二リン酸 → ジヒドロオキシアセトンリン酸 / グリセルアルデヒド-3-リン酸 → 乳酸, アセトアルデヒド → エタノール, アセチル補酵素A, CO_2]

(2-2)

ある。ということは，この過程は酸素無しで進行し得ることを意味する。酵母はピルビン酸を脱炭酸してアセトアルデヒドを生成し，さらにそれをエタノールへと還元する。この場合も，二酸化炭素とエタノールのC, H, Oを合わせるとグルコースの半分である。したがって，乳酸菌のときと同じで，無酸素状態でこの代謝経路は進行する。

好気的生物では，ピルビン酸から酸化的脱炭酸でアセチルCoAが生成し，次にこれはTCAサイクルに入り，最終的には二酸化炭素と水まで分解される。この過程は酸素があって初めて進行する。これは，植物が行なっている光合成の逆反応である。植物が二酸化炭素を還元することを通して，太陽光のエネルギーを化学結合のエネルギーに変換し，好気的生物はそのエネルギーを利用して生きていることになる。代謝経路の詳細や有機化学的考察は8章，9章で述べることとする。

2.4 細胞構成成分としての糖

植物体を構成する成分の1つとして多糖は大切で，その主たるものはセルロースである。セルロースはグルコースがβ 1-4結合した繊維状の多糖である（図2-6）。草や木の葉はセルロースである。木材部分にも含まれていて，パルプの原料となる。木材部分にはセルロースの他にリグニンも多く含まれ，その主成分はベンゼン環を含むエーテルのポリマーである（図2-7）。

図 2-6　セルロース＝β-グルコースのポリマー

図 2-7　リグニンの構造

2.5　DNA，RNA の構成成分としての糖

　DNA や RNA に関しては 5 章で詳しく解説するが，これらも糖を含む高分子化合物である。両者ともリボースの 3 位と 5 位がリン酸エステル結合したポリエステルが主鎖である。DNA の場合には 2 位に水酸基をもたないデオキシ糖が使われている点が RNA との違いである（図 2-8）。この水酸基の有無によってリン酸エステル結合の加水分解しやすさに差が生じ，DNA の方が化学的に安定である。このことは，DNA はその生物が生きている限り細胞内に存在しなければならないのに対して，RNA の方は必要なとき必要なだけ転写され，不要になったら加水分解されなければならないという，両者の役割の違いに照らして，非常に合理的である。

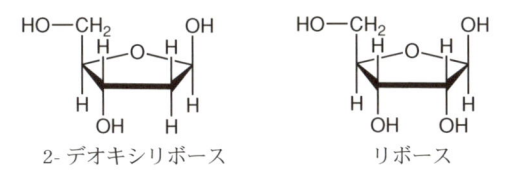

2-デオキシリボース　　　リボース

図 2-8　DNA，RNA を構成する糖

　DNA の美しい二重らせん構造をとっていることは良く知られていることであるが，糖として例えばグルコースのような 6 炭糖を使うと，この二重らせん構造を形成することができなくなることが合成実験によって確かめられている。二重らせん構造を形成することは A-T，G-C ペアを組む上でも本質的に重要なことで，糖としてリボースが使われていることは，必然性のあることなのである。

2.6　細胞認識のシグナルとしての糖

　糖はそれ自体ではエネルギー源や細胞構成成分となることを学んだ。糖がタンパク質

や脂質と結合して細胞表層に存在すると，それはシグナル分子としての役割を果たす．

2.6.1 グリコシル化反応

ヘミアセタール構造をとっている糖の1位の水酸基が，アルコールやアミンと反応してアセタールあるいはアミナールとなる反応をグリコシル化反応とよぶ．有機化学的にこの反応を行なうときには，水酸基をあらかじめ他の活性基に変換してから求核反応剤と反応させることも珍しくない．生体内ではもちろん糖そのものがグリコシル化剤（糖供与体）として使われる．いずれの場合も酸触媒があると反応は円滑に進行する（式(2-3)）．

$$\text{（構造式：1 → 2a ⇌ 2b → 3）} \quad X = O \text{ or } NH \tag{2-3}$$

糖（**1**）のヘミアセタールの水酸基にプロトンが付加すると，その一部から水分子が抜けて，炭素陽イオン（**2a**）が生成する．このイオンの正電荷は，酸素原子からの電子供与の効果で，非局在化できる（**2b**）ので安定な陽イオンである．これが求核反応剤（RXH）と反応すれば，目的生成物である（**3**）．RXH がタンパク質のアミノ酸残基なら **3** は糖タンパクであるし，脂質なら **3** は糖脂質である．

酵素反応の場合にはプロトンとしては酸性アミノ酸残基が働くし，中間の炭素陽イオンは塩基性アミノ酸残基によって安定化される．

2.6.2 細胞膜の構造

細胞表層は，図2-9に示すように，脂質二重層でできており，細胞の内外にその一部を突き出している膜貫通型タンパク質が所々に存在している．脂質の極性部分やタンパク質の特定のアミノ酸残基に糖がいくつか結合している．この糖鎖の構造はいわばその

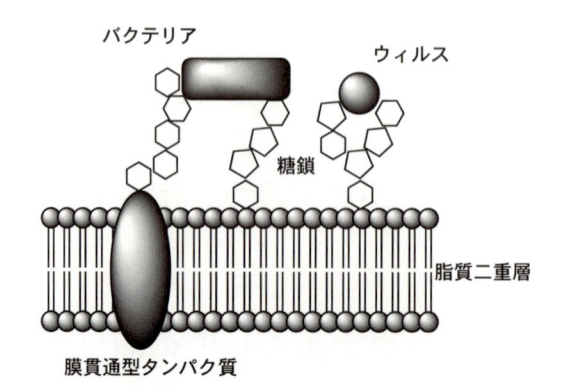

図 2-9　細胞表層における糖鎖と外来物の相互作用

細胞の認証符号である。バクテリア，ウィルスあるいは内皮細胞やある種の毒素などがその細胞に接触すると，それらの糖鎖を認識して，その結果その細胞に侵入するかどうかが決まる。どのような糖鎖がどのような役割を果たしているかということは，現在盛んに研究されている。ウィルスが認識する糖鎖の構造が明らかとなり，さらにその糖鎖と強固に結合するような化合物を見つけることができれば，ウィルスが来る前に肝心の糖鎖をブロックすることができるので，ウィルスの感染を予防することができるようになると期待される。

2.6.3 血液型

血液型には，A，B，O，AB型の4種類があって，O型の人の血液はA型の人に輸血できるけど，逆にA型の人の血液はO型の人には輸血できない，というようなことをごぞんじの方も多いだろう。このことにも細胞表層の糖鎖の違いが関係している。

人をはじめ哺乳動物は外敵の侵入を防ぐための仕掛けとして，免疫のシステムをもっている。「自己」以外の高分子化合物やウィルス，細胞が侵入してきたときに，そのものと非常に親和性の高い抗体というタンパク質を作り出して結合し，外敵を体外へ排出するシステムである。自分自身の細胞に対してこのような作用が働いては困るので，このシステムが有効に働くためには「自己」と「非自己」を厳密に識別しなければならない。そのシグナルが糖鎖である。

赤血球の表面にもこのシグナルとなる糖鎖が存在し，それに3種類のタイプがある。図2-10に示すように，血液型によってわずかに違う。AB型の人はA型の糖鎖とB型の糖鎖の両方を有する。この違いに対応して，免疫のシステムにも違いがある。すなわちO型の人はA型，B型の糖鎖に対しては抗体をつくる。したがって，O型の血液以外は受け付けない。一方，A型の人はB型の糖鎖に対してのみ抗体をつくる。O型の糖鎖と同じものを自己ももっているので，O型に対する抗体をつくってしまっては，自

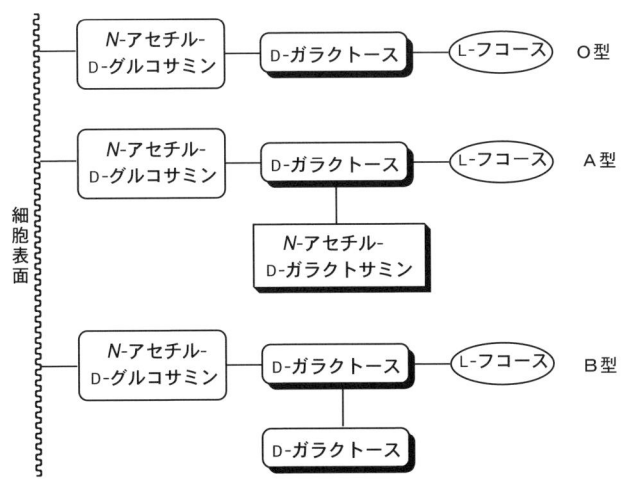

図2-10 血液型と赤血球表面の糖鎖

己をも攻撃してしまうことになる。したがって，B型のみに対して抗体をつくるということは，理にかなったことである。こうして，A型の人は，A型はもちろん，O型の血液も受け入れることができる。しかし，B型およびAB型の人の血液を輸血することはできない。B型の人に関してもABが逆になるが，A型の人の場合と同じことである。最後にAB型の人はどれに対しても抗体をつくらない。したがってどの人からも輸血を受けることができることになる。これらのことは，2番目のD-ガラクトースにフコース以外の糖が結合しているかどうか，それが何であるかを，それぞれの血液型の人の免疫システムが認識すると考えれば，合理的に説明できる。

3 アミノ酸とタンパク質

　タンパク質は様々な役割を有する重要な生体物質である。化学的には20種類のα-アミノ酸が連結した高分子である。本章では，最初にα-アミノ酸の構造と性質について学び，次にタンパク質の生合成，構造，機能などに関して学ぶことにする。
　アミノ酸の配列順はDNAの塩基配列によって一義的に決まる。タンパク質の生合成とは，DNAの情報にしたがって，アミノ酸が連結反応で繋がっていくことに他ならない。どのようなメカニズムによって，水溶液中でペプチド結合生成反応を実現できるのであろうか。ペプチド結合は，一般的化学結合でいえば，アミド結合である。類似のエステル結合である場合とは生体にとってどのような違いとなるかについても考察してみたい。
　タンパク質は，アミノ酸が繋がっているだけではその機能を発揮しない。分子全体として特有の立体構造を有するときだけ活性である。その構造を保つためどんな力が働いているかについて学ぶ。
　タンパク質は構造タンパク質と機能性タンパク質に分類され，後者にはさらに複数の機能があるが，それらに関しての概略をこの章で紹介する。

3.1 アミノ酸の構造と性質

3.1.1 一般式

アミノ酸とは，アミノ基を有するカルボン酸という意味である。しかし，生物有機化学の分野でアミノ酸といえば，α-アミノ酸のことである。カルボキシル基が結合している炭素にアミノ基が結合しているアミノ酸で，タンパク質の構成成分である。ここでは，それらのアミノ酸について説明することとする。

タンパク質を構成するアミノ酸は 20 種類で，グリシン以外の 19 種類は α 炭素が不斉炭素である。立体配置は全て L である（生体内のアミノ酸には，例えば細胞壁の構成成分などに D 体も存在する。「全て L」というのは，あくまでもタンパク質を構成するアミノ酸に限った表現であるので，誤解しないよう気をつけて欲しい）。RS 表示法では，システインのみが R で，他は S である。これは，空間的立体配置が異なるわけではなく，RS 表示の優先順位の定義による違いである。

様々な基質化合物と都合良く相互作用するため，側鎖の構造には必要なバラエティが用意されていて，それによっていくつかのグループに分けることができる。疎水性アミノ酸，親水性（極性）アミノ酸，酸性アミノ酸，塩基性アミノ酸などである。疎水性アミノ酸の側鎖は基質の疎水性部分と親和性を有する。親水性アミノ酸は，正負の極端な電荷はもたないが，水素結合（3.4 で説明する）のプロトン供与体や受容体となり得る。酸性アミノ酸（グルタミン酸，アスパラギン酸）は，pH 7 付近の中性水溶液中では大部分がプロトンを解離しているので，負電荷を帯びている。逆に塩基性アミノ酸（リジン，アルギニン，ヒスチジン）はプロトン化されているので，正電荷を帯びている。立体的大きさも大小様々である。プロリンだけは，アミノ基が 5 員環の中に組み込まれていてコンホメーションの自由度がない。アミノ酸の構造と省略記号を表 3-1 にまとめた。

タンパク質の種類は全ての生物に共通である。しかし，全ての生物がこれら 20 種類のアミノ酸を自分自身で糖分から生合成できるとは限らない。生合成できないタンパク質は，他の生き物を食することによって補わなければならない。これらをその動物にとっての必須アミノ酸とよぶ。人の場合には 20 種類にうち，実に 9 種類（ヒスチジン，イソロイシン，ロイシン，リジン，メチオニン，フェニルアラニン，トレオニン，トリプトファン，バリン）を他の生物に頼っている。

省略して表すときには，3 文字表記かあるいはスペースを省略するために 1 文字表記を使う。3 文字表記はアミノ酸の英文表記を省略しているのでわかりやすいが，1 文字表記は英文の綴りと関係ないものもあるので覚え難い。しかし，バイオテクノロジーの発達で，数多くのアミノ酸配列を 1 つの論文で書くことが必要となってきているので，1 文字表記が多くなっている。できれば覚えておきたい。

表 3-1 アミノ酸の構造

	1文字表記	3文字表記	R		1文字表記	3文字表記	R
疎水性アミノ酸				**親水性アミノ酸**			
グリシン	G	Gly	H	セリン	S	Ser	CH_2OH
アラニン	A	Ala	CH_3	システイン	C	Cys	CH_2SH
アスパラギン	N	Asn	CH_2CONH_2	トレオニン	T	Thr	$CH(OH)CH_3$
グルタミン	Q	Gln	$CH_2CH_2CONH_2$	チロシン	Y	Tyr	CH_2-C$_6$H$_4$-OH
メチオニン	M	Met	$CH_2CH_2SCH_3$				
バリン	V	Val	$CH(CH_3)_2$	**酸性アミノ酸**			
ロイシン	L	Leu	$CH_2CH(CH_3)_2$	アスパラギン酸	D	Asp	CH_2CO_2H
イソロイシン	I	Ile	$CH(CH_3)CH_2CH_3$	グルタミン酸	E	Glu	$CH_2CH_2CO_2H$
トリプトファン	W	Trp	CH_2-インドール	**塩基性アミノ酸**			
				リジン	K	Lys	$(CH_2)_4NH_2$
フェニルアラニン	F	Phe	CH_2-C$_6$H$_5$	アルギニン	R	Arg	$CH_2CH_2CH_2NH-C(=NH)NH_2$
プロリン	P	Pro	(環状)	ヒスチジン	H	His	CH_2-イミダゾール

3.1.2 溶液中の構造と等電点

アミノ酸はアミノ基とカルボキシル基を有するので,両性イオンである。酸性側では,カルボキシル基は解離せず,アミノ基はプロトン化されている。一方,塩基性条件下ではカルボシル基は解離し,アミノ基は遊離の形である。中性付近のある特定の pH で両性イオンとして存在する（式 3-1）。この pH をそのアミノ酸の等電点という。グリシンやアラニンあるいは他の疎水性アミノ酸では,等電点は約 6 であり,親水性アミノ酸ではそれよりわずかに酸性側へ寄っている。酸性アミノ酸ではこの傾向は強くなり,

pH 3 付近が等電点となる．逆に塩基性アミノ酸ではアルカリ側で，アルギニンの 10.8 が最高値である．

$$\underset{\text{酸 性}}{\mathrm{H_3N^+-CHR-COOH}} \rightleftarrows \underset{\text{等電点}}{\mathrm{H_3N^+-CHR-COO^-}} \rightleftarrows \underset{\text{塩基性}}{\mathrm{H_2N-CHR-COO^-}} \tag{3-1}$$

3.2 ペプチド結合の生成と性質

3.2.1 ペプチド結合の生成

タンパク質とはアミノ酸が数多く連結して高分子（ポリマー）である．人工的な高分子化合物は，多かれ少なかれ分子量にある幅の分布があり「混合物」であるのに対し，タンパク質はアミノ酸の配列順と数がきっちり決まっている化学的に純粋な化合物である．タンパク質ほど分子量が多くない化合物をペプチドという．ペプチドの中でも，高分子量のものをポリペプチド，アミノ酸の数が少ないものをオリゴペプチドとよぶが，はっきりした境界があるわけではない．アミノ酸同士はアミド結合で連結している．このアミド結合のことを，タンパク質の場合にはペプチド結合という．

タンパク質が生合成される際，アミノ酸の配列順は DNA の塩基配列で一義的に決定される．そのからくりについては第 5 章で述べることとし，ここでは結合の強さに着目してペプチド結合の生成の機構について説明する．鍵化合物はアミノアシル転移 RNA（アミノアシル t-RNA）で，これは t-RNA の末端の水酸基がアミノ酸とエステル結合した化合物である．「アシル」とは，カルボン酸から水酸基を取り去った構造を有する官能基の名前である．すでにいくつかアミノ酸が連結した中間体とアミノアシル t-RNA が反応し得る距離に近づくと，後者のアミノ基の孤立電子対がオリゴペプチドと t-RNA のエステル結合を求核的に攻撃して，アミド結合を生成し，アルコール（t-RNA）を蹴り出す．すなわち，エステル結合が切断され，その代わりにアミド結合

$$\tag{3-2a}$$

3 アミノ酸とタンパク質　39

が生成する（式（3-2a））。このことはエステルよりアミドの方が熱力学的に安定であることを示す。別の言い方をすれば，このプロセスは発熱反応であり，したがって進行し得ることになる。

　では，アミノアシル-t-RNA はアミノ酸と t-RNA そのものから合成できるかというと，これはカルボン酸からより活性な（熱力学的に不安定な）エステルを合成する反応なので，無理である。エステルを合成するためには，エステルより活性な前駆体をつくっておかなければならない。その化合物は，アデノシルリン酸とアミノ酸の無水物である「活性化されたアシル化剤」である。この化合物も対応する酸同士の脱水縮合でつくることは熱力学的に無理である。そこで生体は酸無水物と酸から別の酸無水物をつくるという巧みな工夫をする。これならエネルギー的に吸熱反応とはならないので，温和な条件下で進行し得る。別の酸無水物とは，生体内のエネルギー源として広く使われているATP である（式（3-2b））。この化合物にはリン酸無水物結合が2個含まれており，この結合が加水分解する反応は発熱反応である。式（3-2b）は加水分解ではないが，酸の交換反応で他の分子にエネルギーを移していることになる。すなわちリン酸同士の酸無水物結合が切断され，かわりにリン酸とカルボン酸の無水物結合が生成している。このようなアミノ酸の酸無水物ができれば，アルコール（= t-RNA）との反応でエステル（= アミノアシル-t-RNA）を生成する反応は発熱反応となるので，円滑に進行し得る（式（3-2c））。結局，リン酸無水物結合を1つ消費して，アルコールと酸からエステルを合成していることになる。

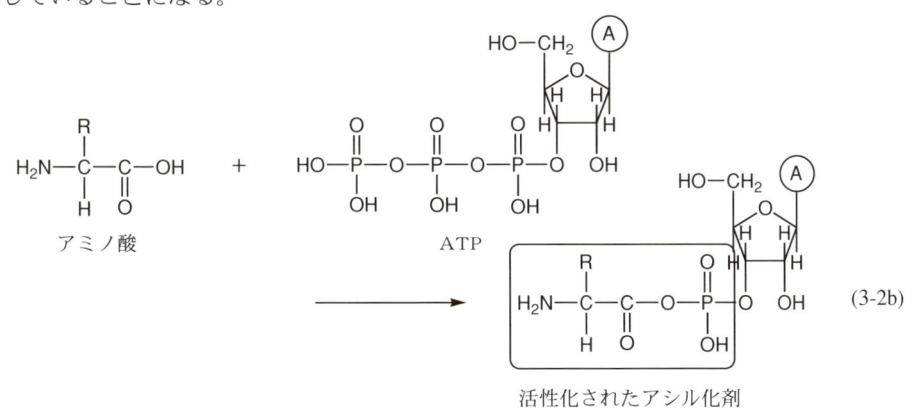

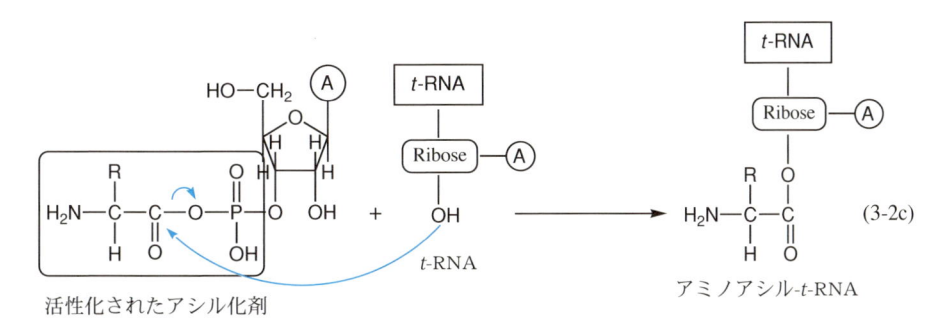

3.2.2 エステル結合とアミド結合───カルボン酸誘導体の反応性

カルボン酸誘導体とは，カルボキシル基の水酸基が他の陰性基 X になっている化合物群のことである．また，その反応性とは具体的に，求核反応剤（Nu^-）がカルボニル炭素を攻撃し，X^-が脱離する反応の活性を意味し，X が何であるかによって違う．反応性を予想するとき，2 つのことを考慮しなければならない．カルボニル炭素の電子密度と X^- の脱離能である．X の電子求引性が大きいほど炭素の電子密度は低下し，X が陰イオンとして安定なほど脱離しやすいと考えてほぼ間違いない．このようにして反応性の順に並べると式（3-3b）のようになる．最も反応性が大きいのは X=Cl をはじめとする酸ハロゲン化物である．しかしこの化合物は，水溶液中では中性付近でも安定に存在し得ないので，生体内には存在しない．したがって，生体反応だけを考えるときには，酸無水物，チオールエステル，エステル，アミドの順になる．この順は，HX の酸性の強さの順と考えても差し支えない．

$$R-\underset{\underset{O}{\|}}{C}-X \xrightarrow{Nu^-} R-\underset{\underset{O^-}{}}{\overset{Nu}{\underset{|}{C}}}-X \xrightarrow{-X^-} R-\underset{\underset{O}{\|}}{C}-Nu \quad (3\text{-}3a)$$

$$R-\underset{\underset{O}{\|}}{C}-Cl > R-\underset{\underset{O}{\|}}{C}-O-\underset{\underset{O}{\|}}{C}-R^1 > R-\underset{\underset{O}{\|}}{C}-S-R^1 > R-\underset{\underset{O}{\|}}{C}-O-R^1 > R-\underset{\underset{O}{\|}}{C}-\underset{H}{\overset{}{N}}-R^1 \quad (3\text{-}3b)$$

酸ハロゲン化物　　酸無水物　　チオールエステル　　エステル　　アミド

より反応性の高いものをつくることができれば，それを出発物質としてより反応性の低い（＝安定な）化合物をつくることができる．すなわち生体内では，酸無水物をつくることができれば，他の必要な誘導体を生合成することができることを意味する．ATP がエネルギー源となるのは，この化合物が酸無水物であるからである．

3.3 タンパク質の構造

3.3.1 タンパク質の一次構造から四次構造

タンパク質はアミノ酸がペプチド結合で連結した高分子であるが，長い鎖が揺れ動いているようなものではなく，三次元的な構造まで決まっている分子である．その構造を述べるときは，いくつかの階層に分けて考える．

まず，一次構造とは，アミノ酸の配列順のことである．これは後で述べるように DNA の塩基配列によって一義的に決まる．一次構造を示すときは，アミノ基が遊離になっている末端（アミノ末端あるいは N 末端）を左に，カルボキシル基が遊離になっている末端（カルボキシ末端あるいは C 末端）を右に書く．

タンパク質の主鎖は部分的に 2 種類の特異な構造をとる．1 つは右回り（時計回り）のらせん構造で，α-ヘリックスとよばれる（図 3-1（a））．この構造は主鎖のカルボ

ニル基と，4残基離れたアミノ酸残基のアミド結合のプロトンが水素結合を形成して安定化している。らせんが1回転する間に存在するアミノ酸の数は平均3.6個である。また，他の部分では主鎖が平衡して存在し，その2本の鎖の間でカルボニル炭素とアミドプロトンの水素結合ができ，全体としてジグザグの帯状構造をとることがある。これをβ-シートという(図3-1b)。主鎖はN端からC端へ向けて同じ方向になっている場合と，逆向きになっている場合がある。これら2種の構造を合わせて二次構造とよぶ。

(a) α-ヘリックス (b) β-シート

(---：水素結合，●：炭素，N：窒素，O：酸素)

わかりやすくするため，α-ヘリックスの側鎖をのぞいて示す

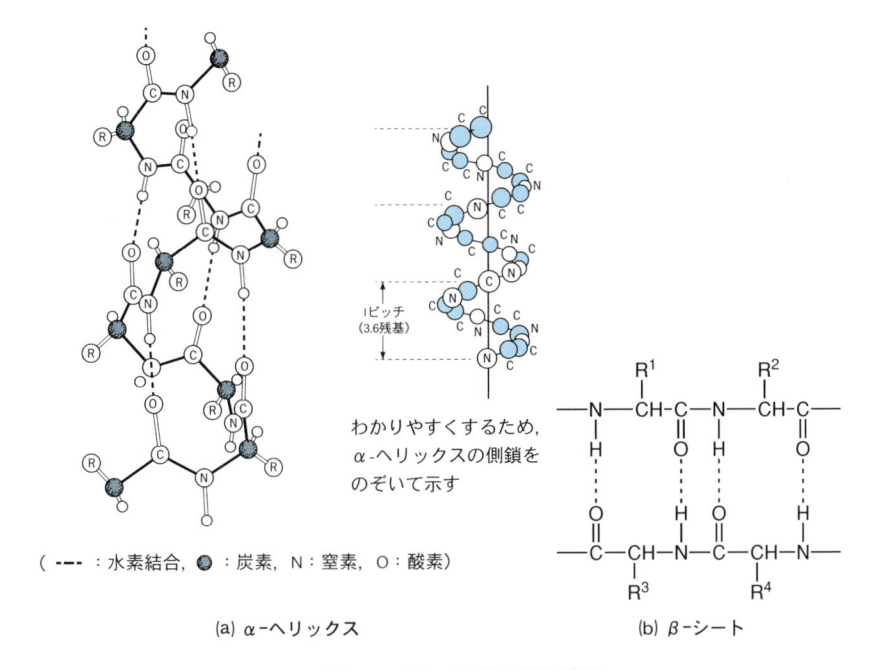

1ピッチ(3.6残基)

図3-1 タンパク質の高次構造

　分子全体としてもある決まった3次元構造を形成し，その構造がくずれると活性を失う。この全体的な立体構造のことを三次構造という。ここまでの構造は全てのタンパク質に共通である。タンパク質によっては，2分子以上が集合して活性を発揮するものがある。このような場合，タンパク質同士が二量体，三量体を形成した全体をさして四次構造という。一次構造が同じものがいくつか集まって四次構造を形成することもあるし，一次構造の異なる場合もある。四次構造を形成する場合には，そのうちの1分子をさしてサブユニットとよぶ。

3.3.2 タンパク質の変成

　タンパク質を構成するアミノ酸同士の結合はカルボン酸誘導体としては最強のアミド結合であり，酵素の触媒作用無しには，中性付近で少々温度を上げても加水分解されない程度に強固である。ところがタンパク質は40℃以上に加熱すると活性を失うものが多い。この原因は共有結合の加水分解ではなく，三次元構造が変化してしまうからであ

る。酵素の三次元構造の中には，多くの水分子が含まれていて，酵素の主鎖のカルボニル基やアミドプロトン，あるいはアミノ酸残基の側鎖の極性部分と水素結合を形成して，全体的な立体構造の安定化に寄与している。ところが温度を上げると，この構造中の水と溶媒のバルクの水の交換が速くなり，酵素の三次元構造のゆらぎが次第に激しくなり，ついには立体構造が全体として変化してしまう。一般的に活性なタンパク質の立体構造は最安定配座ではないことが多い。したがって，配座異性体間の遷移状態のエネルギーを越えるに必要なエネルギーを外部から与えれば，立体構造が変化するのは自然なことである。このように一次構造はそのままでも，タンパク質の三次構造が変化してその機能を失うことを変成とよぶ。

3.4 タンパク質の構造を保つ化学的結合力

3.4.1 結合力の種類と強さ

タンパク質立体構造を支える化学的結合力には，図 3-2 にまとめたように，強さの違ういくつかの力がある。最も強いのは，システイン残基の SH 同士が酸化されて S-S 結合という共有結合を形成する場合である。約 250 kJ/mol である。しかし，この結合の数は多くない。全く持たないタンパク質も知られている。次に大きいのはカルボキシル基とアミノ基の間のイオン結合である。この大きさは 20～40 kJ/mol である。結合の強さは，その官能基間の距離に依存する。次は水素結合で，OH や NH のプロトンと，負電荷を有する O や N の間にできる結合である。OH や NH はほとんどイオンには解離していないので，イオン結合ほど強くはなく，8～20 kJ/mol である。水素結合についてはもう少し詳しく後で触れる。アミノ酸残基間の最後の結合力は疎水性残基同士の間で働く結合力である。例えばアルキル基同士の間やベンゼン環同士の間に弱い吸引力が働くことが知られている。大きさは 4～8 kJ/mol 程度である。ベンゼン環同士の場合には，2つの環が互いに垂直になっていることが X 線構造解析で明らかになってい

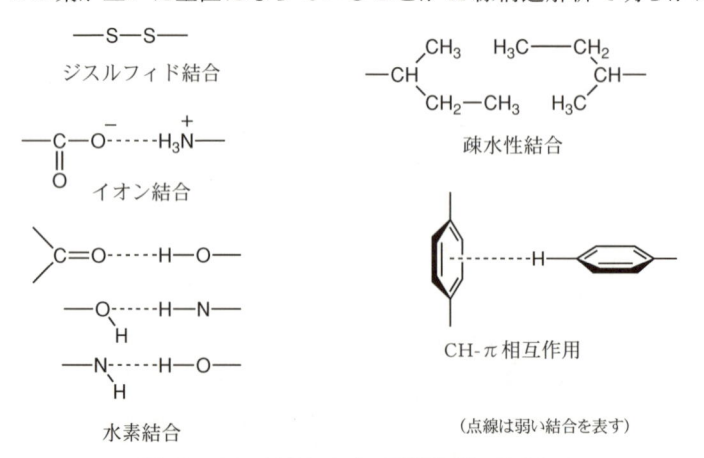

図 3-2 タンパク質のアミノ酸残基間の結合力

る場合が多く，疎水性相互作用というよりは一方のベンゼン環の水素と他方のπ電子の弱い極性相互作用とみなす方が良さそうだ。

このように，アミノ酸残基の側鎖同士の相互作用は極めて重要であるが，タンパク質の構造を保つ力および他の分子との相互作用には，ペプチド結合の極性も大きな寄与をしている。カルボニル基の酸素は水素結合の受容体として働くし，NHはプロトン供与体としての働きを有する。β-シート構造は，並行するアミノ酸主鎖の両者の水素結合でその構造が保たれている。このことは，タンパク質の構成成分がヒドロキシ酸であればこのような結合力は期待できないことで，アミノ酸が使われていることの重要性の1つであるといえる。

3.4.2 水素結合

水素結合は弱い酸性のプロトン（OH，NH）と$\delta-$に荷電している元素（カルボニル基の酸素，水酸基の酸素，アミノ基の窒素など）の間に生ずる吸引力である。結合の強さは前にも述べた通り8〜20 kJ/molである。この相互作用の影響は沸点の違いに如実に表れてわかりやすいので，その例をいくつかあげてみたい。

沸点とは液体分子がその表面以外の部分からも気化する温度である。液体は沸点以下でも気化するが（水が室温でも少しずつ蒸発して次第に乾燥することはご存知の通りで

表 3-2 水素結合を生成し得る化合物（青色で表示）とそうでないものの沸点の比較

構造	名前	分子量	沸点（℃）
CH_4	methane	16	−162
H−O−H	water	18	+100
H_3C-CH_3	ethane	30	−89
$H_2C=CH_2$	ethylene	28	−102
H_3C-OH	methanol	32	+65
$CH_3CH_2CH_3$	propane	44	−42
CH_3OCH_3	methyl ether	46	−24
$H_2C=CHCH_3$	propylene	42	−48
CH_3CH_2-OH	ethanol	46	+78
$CH_3CH_2CH_2CH_2CH_3$	pentane	72	+36
$CH_3CH_2-O-CH_2CH_3$	ethyl ether	74	+35
$CH_3CH=CHCH_2CH_3$	2-pentane	70	+37
$CH_3CH_2CH_2CH_2-OH$	1-butanol	74	+117
$(CH_3)_3C-OH$	t-butyl alcohol	74	+82

ある），それは表面からのみ気化しているのである。液体分子と気体分子の違いは，前者では分子間に引き合う力が作用しているが，後者では分子同士の間に相互作用がなく，分子1個ずつがバラバラの状態で存在していることである。分子間相互作用の強い分子ほどバラバラになりにくいので気化し難く，したがって，沸点は高い。分子間相互作用の力は分子の大きさに依存し，表3-2に示すように，炭化水素同士で比較すると，分子量が大きいほど沸点は高くなる。ところが，炭化水素の沸点とメチル基をOHに変えた化合物の沸点を比較すると後者のそれが異常に高いことが明らかである。メタンと水の比較は最も極端な例である。このことは，水酸基を有する化合物では，そのプロトンともう1分子の酸素原子の間に水素結合が生じ，分子間相互作用が強くなっていると考えればうまく説明できる（図3-3）。逆に言えば，アルコールや水程度の弱い酸性（pK_aの値は15〜17程度である）でも，極性の分子間力は無視できない程度に大きいということができる。

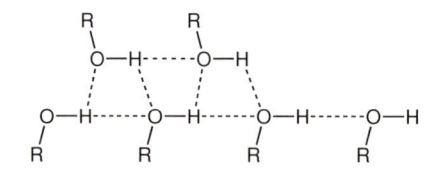

図3-3 水やアルコールの水素結合のネットワーク

3.5 タンパク質の働き

タンパク質の種類は大きく構造タンパク質と機能性タンパク質に分けられる。

3.5.1 構造タンパク質

構造タンパク質は生体を構成する素材となっているタンパク質で，腱，筋肉，体表面に存在し，コラーゲンとよばれる。我々の体の中では最も量が多いタンパク質である。他には，爪や毛もタンパク質が主成分である。

3.5.2 機能性タンパク質

生理学的な機能を有するタンパク質が機能性タンパク質である。その中でも大きくいくつかに分けることができる。第1は次章で述べる酵素である。生体内の全ての反応をコントロールしている。したがって，酵素の濃度を，ゼロも含めて，コントロールする仕掛けこそが，生体の恒常性を維持する鍵であるといえる。

第2は受容体として働いているタンパク質がある。我々が日常的に経験しているものとしては臭いや味を識別しているタンパク質がわかりやすい。物質の香りや臭いは，鼻の粘膜にある受容体タンパク質と結合するかどうかで決まる。どのタンパク質（受容体）に結合するかどうかで，脳に伝わる信号が変化し，実際に感じている臭いとなる。

味の場合も本質的は同じである。我々の舌に味蕾とよばれる受容体タンパク質がある。そこに食べたものの分子が入り込んで錯体を形成すると、味として刺激が脳に伝わる。味の基本は「五味」である。具体的には甘味・酸味・鹽味・苦味・辛味で、塩のからさとワサビなどのからさは区別されている。最近では、グルタミン酸ナトリウムが昆布の旨味成分として単離されたのをきっかけとして、第6の味の要素として「旨味」も加わっている。

我々が光を感ずることができるのは、そのような働きをするタンパク質が目の網膜に存在するからである。その名をオプシンという。オプシンとレチナールという化合物はロドプシンという錯体を形成して網膜に存在する。光があたると、レチナールの唯一 cis であった二重結合が、図 3-4 に示すように、$trans$ に変化する。すると、分子全体の形が大きく変わってしまうので、もはやとオプシンと結合することはできず、解離してしまう。この変化が視神経への刺激となり、脳に伝わって視覚となる。$trans$ に変化したレチナールがそのままの形でいたのでは、我々はすぐに光を感ずることができなくなってしまう。しかし、幸いなことに実際にはこれを光のエネルギーによって再び cis に異性化する酵素が存在し、レチナールは常にリサイクルしているので、光があたっている間中、我々はものを見ることができる。太陽のように非常に明るいものを見ると、その後一瞬は目が見えない状態になる。これはレチナールの cis-$trans$ の異性化のバランスが一時的にうまくいかなくなった表れである。

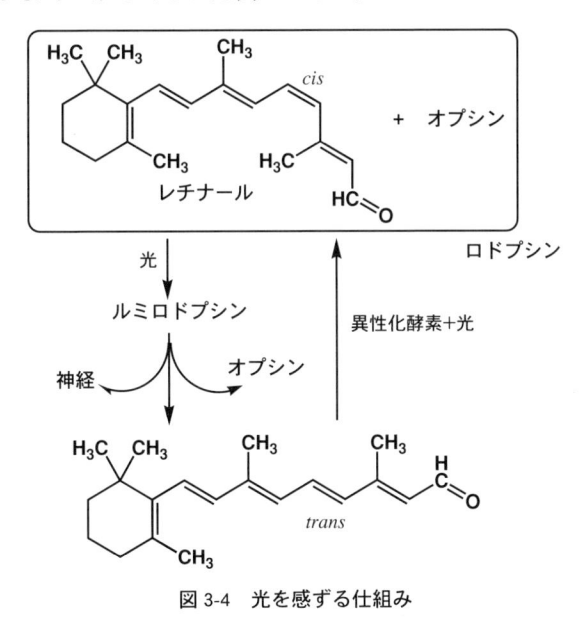

図 3-4 光を感ずる仕組み

(レチナールタンパク質の錯体形成の成否が視神経に伝わる)

第3の機能は、哺乳類が有する免疫システムの抗体としての働きである。抗体産生細胞の遺伝子は非常に変異を起こしやすく、極めて多くの種類のタンパク質をつくり出す

ことができる。したがって，どんな「異物」＝抗原が体内に侵入しても，それと強固に結合することができる抗体というタンパク質を産生することができる。免疫のシステムは非常に複雑で，今でもなお研究が進みつつあると言える。抗体の機能は抗原と結合することなので，その意味では受容体と同じであるが，血流に乗って抗原が存在する部位まで移動すること，最終的には抗原を体外へ排除する点で異なる。

新型コロナウィルス Covid 19 とワクチン

　抗体は侵入者が実際に体内に入ってから抗体産生細胞が働いてつくられるものであるが，時間がかかるので重篤な病気になってしまうこともある。侵入者が入ってきたときにすでに体内には抗体ができていれば，この方がはるかに望ましい。ワクチンはこの働きをする物質で，侵入者と類似の構造を有し，ヒト体内で有効な抗体を作ることはできるが，接種したヒトの健康を損ねないという難しい条件をクリアできたものである。

　Covid 19 の正体は RNA である。その RNA がタンパク質の外套を着ていると考えれば良い。この外套には突起がある。ワクチンにはその突起部分の設計図に当たる RNA を使う。すると，ヒトの体内で突起部分に相当するタンパク質が合成され，それに対して抗体ができ，Covid 19 そのものへも抗体として作用する。

　しかし，RNA そのものは拒絶反応を起こすので使えない。ところが RNA の部分構造であるウリジンをシュードウリジンにすると（図参照），不思議なことに拒絶反応が起こらない。さらにメチル基を導入して 1-メチルシュードウリジンにすると，何と目的のタンパク質の生産量は 10 倍に跳ね上がる。こうして世界の人々に有効なワクチンを提供することができるようになった。

| ウリジン | シュードウリジン | 1-メチルシュードウリジン |

4 酵素の働き

　細胞内には幾多の物質が共存する。しかも，構造的に類似しているものも少なくない。その混合物の中からただ1種の物質を識別し，さらに官能基の種類，位置，立体配置などを厳密に認識し，ただ1つの必要な変換反応だけを効果的に進行させなければならない。このような極めて困難な課題を克服するための高度な機能を有する触媒が酵素であり，物質としてはタンパク質である。しかもその反応を時には大量に押し進め，時にはストップさせなければならない。本章ではこのような酵素の識別能，反応加速能，制御のメカニズムにアプローチしたい。

　酵素は金属を含むものもあるが，基本的にはすべてタンパク質なので，構造によって分類することはできない。したがって，触媒する反応の違いによって6種類に分類する。動力学の面から見た特徴は，基質となる化合物と強固な錯体を形成することである。これによって，立体配置を含めて基質の構造を識別すること，基質分子内の反応点等を厳密に識別することなどが可能となる。

　酵素によっては，反応に補欠分子を必要とする。それら補酵素とよぶが，その役割についても概説する。

酵素の存在は 19 世紀の半ばにはすでに知られていた。それらは，デンプンを分解するアミラーゼ，タンパク質を分解するプロテアーゼのように，主として消化に関する酵素群である。また細胞外に分泌されて作用する酵素であった。

19 世紀の終わりにドイツのブフナーという人が，重大な発見をした。それは，すり潰した酵母の水に可溶な成分（無細胞抽出液）だけで，糖分の発酵が進み，エタノールや二酸化炭素が生成するというものである。すなわち，それまで「酵母」という生命体があってはじめて糖分からワインができると信じられてきたことを根本から覆し，「生命力」がなくてもアルコール発酵が起こることを示したことになる。彼はこれを細胞内に存在するチマーゼという酵素の作用によるものであると説明した。実際にはチマーゼという単一の酵素の作用ではなく，多くの酵素が関与していることが，その後次第に明らかになっては行く。しかし，このブフナーの発見は，生命現象を化学の言葉で説明するきっかけを与えたものであり，生化学という学問領域の夜明けであるといえる。その後，約半世紀を経て解糖系や TCA サイクルの詳細が明らかとなった。さらに時を同じくして，遺伝を担っている本体が DNA であること，さらにその構造が明らかになり，分子生物学へと繋がって行く。そしてさらにその半世紀後，20 世紀の終わりには DNA の塩基配列を決定するテクノロジーが急速に発展して，多くの生物のゲノム（DNA の全塩基配列）が決定され，現代はポストゲノム時代とも言われている。

DNA は，いわば生物の設計図であり，その塩基配列という情報を基に酵素は生合成されている。生命体の恒常性は，これら酵素の精緻な反応コントロールによって成り立っている。本章では生体内の反応の主役である酵素の働きや性質について学びたいと思う。

4.1 酵素の分類

3 章で述べたように，物質としての酵素はタンパク質であり，20 種類のアミノ酸を構成成分とする高分子である。機能としては，生体内の反応を触媒する。最近では，生体内には存在しない，合成化合物の反応をも触媒し得ることが明らかとなってきた。以上のことからわかるように，酵素を分類する際には構造や大きさで分けることはできず，触媒する反応によって分けるのが好都合である。

実際には，表 4-1 に示すように 6 種類に分類されている。加水分解酵素は分解酵素の一種ではあるが，数が多いのでそれだけで 1 つのグループになっている。EC 番号とは国際生化学連合がつけている番号で，a.b.c にあたる部分にはその酵素に対して特有の数字が与えられる。「補酵素」の欄の yes, no はその酵素が補酵素を必要とするかどうかを示す。yes なら必要，no なら不要である。酸化還元酵素には，酸化剤か還元剤が必要で，これが多くの場合補酵素である。転移酵素や合成酵素はエネルギーの補給に ATP を使う。

表 4-1　酵素の分類

EC番号	種　類	補酵素	反　応
EC 1.a.b.c	酸化還元酵素 oxidoredutase	yes	
EC 2.a.b.c	転移酵素 transferase	yes	A—(B) + C ⟶ A—C + B
EC 3.a.b.c	加水分解酵素 hydrolase	no	A—B + H_2O ⟶ A—H + B—OH or H—A—B—OH
EC 4.a.b.c	分解酵素 lyase	no	
EC 5.a.b.c	異性化酵素 isomerase	no	
EC 6.a.b.c	合成酵素 ligase	yes	C—X 結合の生成

4.2　酵素反応の動力学

4.2.1　酵素反応速度式

　動力学とは，反応速度の解析から反応機構に関して知見を得ようという研究である。一般的な化学反応の場合，基質濃度を横軸に，反応速度を縦軸にとると，その関係は図 4-1 の黒色の線に示されるように単純な直線で表される。ところが典型的な酵素反応の場合は，これと異なる。基質濃度が低い範囲では一般的な化学反応と同じように，基質濃度と反応速度は単純な一次の直線で表されるが，基質濃度が大きくなってくるとその直線の傾きは次第に小さくなり，ついにはゼロになる（図 4-1，青色の曲線）。傾きがゼロになったときの速度を最大速度 v_{max} という。何故このような形の曲線になるのだろうか。この実験事実を見事に説明したのはミカエリス（Michaelis）とメンテン（Menten）である。

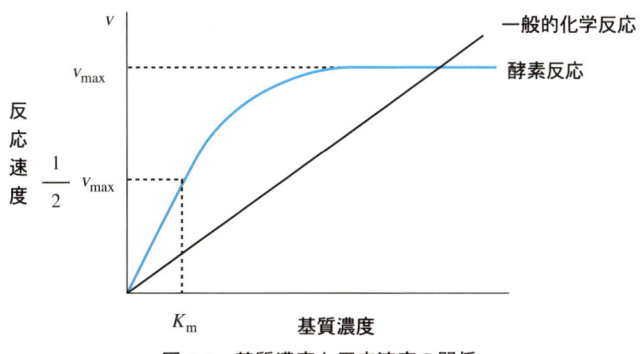

図 4-1　基質濃度と反応速度の関係

$$E + S \underset{k_2}{\overset{k_1}{\rightleftarrows}} ES \xrightarrow{k_{cat}} E + P \tag{4-1}$$

$$V = k_{cat}[ES] \tag{4-2}$$

$$[ES] = \text{constant} \quad \text{then} \quad \frac{d[ES]}{dt} = k_1[E][S] - k_2[ES] - k_{cat}[ES] = 0 \tag{4-3}$$

$$[ES] = \frac{k_1}{k_2 + k_{cat}}[E][S] \tag{4-4}$$

$$[E_0] = [E] + [ES] \tag{4-5}$$

$$[ES] = [E_0] \frac{[S]}{\frac{k_2 + k_{cat}}{k_1} + [S]} \tag{4-6}$$

$$\frac{k_2 + k_{cat}}{k_1} = K_m \quad : \text{Michaelis constant} \tag{4-7}$$

$$\text{if } k_2 \gg k_{cat}, \text{ then } K_m = \frac{k_2}{k_1} \tag{4-8}$$

$$\boxed{V = \frac{k_{cat}[E_0][S]}{K_m + [S]}} \quad : \text{Michaelis - Menten equation} \tag{4-9}$$

$$V_{max} = k_{cat}[E_0] \tag{4-10}$$

$$V = \frac{V_{max}[S]}{K_m + [S]} \tag{4-11}$$

If $[S] \gg K_m$, then $v = v_{max}$; If $K_m \gg [S]$, then $V = \frac{k_{cat}[E_0]}{K_m}[S]$

If $[S] = K_m$, then $v = \frac{1}{2} v_{max}$

　彼らは，典型的な酵素反応として，式（4-1）を仮定した。基質と酵素はまず錯体を形成し（ES錯体），この間には速い平衡が成立していて，ES錯体の一部がゆっくりと生成物を与え，遊離の酵素を再生する，というものである。このように仮定すると，k_{cat} は k_1 や k_2 に比較すると非常に小さく，したがってES錯体から生成物へ変化する段階が律速段階であり，全体の反応速度は式（4-2）で表すことができる。ここで，ES錯体は不安定な中間体で，反応の進行中その濃度は一定であると仮定すると，その生成速度と分解速度は等しくなるので式（4-3）が成立する。変形すれば式（4-4）となる。

　ここで，加えた酵素の濃度を E_0（既知量）とすると，それは反応系中にある遊離の酵素濃度とES錯体の濃度の和で表すことができる（式（4-5））。式（4-4）および（4-5）から[E]を消去すると，式（4-6）で[ES]を表すことができる。ここで $(k_2+k_{cat})/k_1$

をミカエリス定数とよび，K_m と定義する。k_{cat} は k_2 に比べると，非常に小さいと仮定したので，分子からこれを無視すると，K_m は k_2/k_1 と近似できる（式 (4-8)）。この値は ES 錯体の解離定数に他ならない。すなわち K_m が小さいほど基質と酵素の親和性は大きく（＝解離し難い），酵素反応にとっては有利であるといえる。式 (4-7) を式 (4-6) に代入し，さらにそれを式 (4-2) に代入すると，式 (4-9) が得られ，酵素反応の速度を基質濃度の関数で表すことができたことになる。これをミカエリス - メンテン（Michaelis-Menten）の式という。この式の中で k_{cat} [E_0] とは，式 (4-2) の速度式の [ES] の代わりに [E_0] が入っていることになる。つまり，[E_0] が全て [ES] になっているときの反応速度ということになり，これ以上速くなり得ない。そこでこれを最大速度 v_{max} と表すことができる（式 (4-10)）。式 (4-9) に式 (4-10) を代入すると式 (4-11) のように書き直すことが可能である。

式 (4-11) で [S] が無限に大きく分母からが K_m が無視できるとすると，$v=v_{max}$ という式が得られる。基質濃度が大きいときには，反応速度が基質濃度によらず一定になることを意味し，実験で得られた曲線と一致する。この v_{max} の値を式 (4-10) に代入すれば k_{cat} の値を求めることができる。逆に [S] が非常に小さく，分母から無視できるとすると，式 (4-11) で表される反応速度は基質濃度と直線関係になる。また [S] と K_m が等しいと，式 (4-11) の分母の K_m の代わりに [S] を代入できるので，反応速度 v の値は v_{max} の 1/2 となる。すなわち，図 4-1 で反応速度が最大速度の 1/2 になるときの基質濃度の値は K_m に等しいということである。

このようにして k_{cat}，K_m の値を求めることができるのではあるが，実験で得られるのは曲線であり，必要な値を求めるやり方が直接的でない。また誤差に関しても厳密な値が得られず，精度の評価が難しい。その点を改善するために，Michaelis-Menten の式の両辺の逆数をとり，$1/v$ と $1/$[S] の関係をグラフにプロットすることが提案された。この式を提案者の名前をとってラインウィーバー - バーク（Lineweaver-Burk）の式あるいは単に両逆数プロットという（式 (4-12)）。この式を見て頂くとわかるように，両者の関係は直線を表す基本式（$y = ax + b$）の形になっている。したがって，横軸に基質濃度の逆数，縦軸に反応速度の逆数をとると，直線関係が成立する（図 4-2）。また，この直線を左側に延長すると，縦軸との交点は最大速度 v_{max} の逆数に等しいし（式 (4-13)），横軸との交点は K_m の逆数にマイナスを付けた値となる（式 (4-14)）。この

$$\frac{1}{V} = \frac{K_m}{V_{max}} \cdot \frac{1}{[S]} + \frac{1}{V_{max}} \quad \text{: Lineweaver - Burk equation} \qquad (4\text{-}12)$$

$$\text{When } \frac{1}{[S]} = 0, \text{ then } \frac{1}{V} = \frac{1}{V_{max}} \qquad (4\text{-}13)$$

$$\text{When } \frac{1}{V} = 0, \text{ then } \frac{1}{[S]} = -\frac{1}{K_m} \qquad (4\text{-}14)$$

ように，v_{max} と K_m が非常に求めやすくなる上，直線なら実測値のばらつきから，実験の精度も容易に判定できる．したがって，酵素反応の動力学というときには，この直線を書いてみることが最初にやることである．何回測定してもきれいな直線が得られず，しかもそれらの実測値が再現性よく得られるなら，はじめに仮定した反応機構が違っていることを示していると言える．

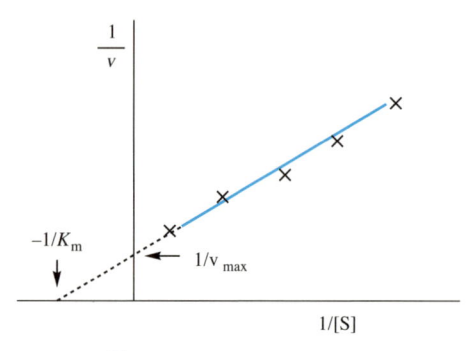

図 4-2　Lineweaver-Burk Plot

4. 2. 2　酵素の反応加速能

酵素と基質が錯体を形成するのは，二者が遊離の形でいるより熱力学的に安定，すなわちポテンシャルエネルギーが低いからである．そうすると，遷移状態までのエネルギー差（活性化エネルギー）は，遊離の状態でいるときより大きくなり，反応は起こりようがないことになってしまう（図 4-3，青色の曲線）．実際には，反応が進行するのであるから，うまく説明しなければならない．いまでは，遷移状態のエネルギーが，酵素があると下がるのであろう，という考え方が広く信じられている（図 4-3，点線）．「遷移状態」とは，寿命を有さないものなので，実験的にこの考え方を証明することは困難である．しかし最近になって，ある特定の反応の遷移状態と推定されるものと類似の構造を有する安定化合物を抗原にして作成された抗体が，当該反応を加速することが見いだされた．抗体は抗原，すなわち遷移状態と親和性が大きく，強く結合するものである．

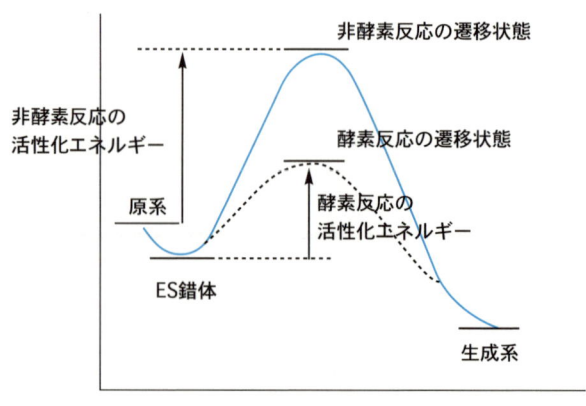

図 4-3　酵素反応座標

これに反応加速能があるということは，酵素の触媒能に関する上記の考え方が，間接的ではあるが証明されたと考えて差し支えない。

　酵素が遷移状態のエネルギーを下げるということは，酵素は原系より遷移状態をより強く認識する（より具合よく結合する）ことを意味する。あるいは遷移状態に対して，原系に対してより大きい親和性を有すると言い換えてもよい。この事実は，にわかには信じ難いほどの巧みなメカニズムである。例えば，エステルの加水分解反応を考えてみよう。原系はカルボニル化合物であるから sp^2 の構造である。しかし遷移状態では，OH^- が付加してテトラヘドラルとなり，sp^3 の構造であり，これは形が全く違うと言って差し支えない。電荷分布も反応によっては大きく異なる。それにも関わらず，sp^2 の基質を認識して自身の活性部位にエステルを取り込んだ酵素は，遷移状態とより強固に結合するというわけである。あたかも，自身が触媒する反応の機構をあらかじめ知っているかのような振る舞いで，誠に不思議なことである。

　酵素と基質が ES 錯体を形成する際のエネルギーはどれくらいのものであろうか。この結合エネルギーは，K_m の値から見積もることができる。平衡反応という点に注目して式（4-1）を式（4-15）のように書き直す。遊離の E，S と錯体 ES の間の平衡定数 K とギブズ（Gibs）の自由エネルギー ΔG の間には式（4-16a）が成立することは，熱力学の基本として良く知られている。R は気体定数，T は絶対温度である。酵素反応の重要な動力学的パラメーターである K_m は，ES 錯体の解離定数に近似できるのであった。したがって，この値はとりもなおさず，平衡定数 K の逆数である。したがって，式（4-16a）は式（4-16b）のように書き直すことができ，自然対数 ln を log に直したのが最終的な形である。仮に温度を 27℃（300°K）とすると，K_m の値が通常の酵素反応のオーダーである 1 μM の場合は –34.2 kJ/mol であり，基質が合成化合物の場合のオーダーである 1 mM あるいは 10 mM の場合には，それぞれ –17.1 kJ/mol，–11.4 kJ/mol である。これらの値を第3章4.1で述べた水素結合や疎水性相互作用のエネルギー（それぞれ 8〜20 kJ/mol，4〜8 kJ/mol）と比較すると，それほど大きな値でないことがわかる。例えば合成基質の場合には具合の良い水素結合1つでも，通常の反応を促進する程度の ES 錯体の形成は可能であると言うことである。仮に，K_m = 1 mM として，[S] が 10 mM のときは，[E]/[ES]= K_m × 1/[S] = 10^{-3} × 1/ 10^{-1} = 10^{-2} となり，遊離の酵素と錯体を形成している酵素濃度の比は 1:100 であると計算できる。

$$E + S \underset{K_m}{\overset{K}{\rightleftharpoons}} ES \xrightarrow{k_{cat}} E + P \qquad (4\text{-}15)$$

$$\Delta G = -RT\ln K \qquad (4\text{-}16a)$$

$$\Delta G = -RT\ln K_m^{-1} = RT\ln K_m = 2.303RT\log K_m \qquad (4\text{-}16b)$$

　酵素と本来の基質の相互作用はたった1本の水素結合というわけにはいかず，複数の

部位での相互作用が必要である。

　これと同じ計算を選択性の評価に活用することができる。この場合には最終生成物まで反応が進行した上での評価になるので，正確には錯体形成の比からだけでは計算できず，k_{cat} の値も考慮しなければならないのは当然である。しかし，例えば R 体と S 体で k_{cat} の値は同じあると仮定し，どちらが酵素との親和力が大きいかという値で反応速度が決まると仮定すれば，上と同じ計算ができることになる（式（4-16c））。仮にその値が –17.1 kJ/mol，–11.4 kJ/mol となったとすると，それは親和性の比が 1000/1，100/1 であることを示す。上に仮定したように，k_{cat} については差がないとすれば，この比はすなわち R 体と S 体の比ということになる。水素結合，疎水性相互作用 1 つずつくらいが，うまくいくかいかないかの違い程度で，このくらいの差が出るということである。

$$\Delta\Delta G(R/S) = 2.303 RT \log \frac{K_m(R)}{K_m(S)} \tag{4-16c}$$

　Gibbs の自由エネルギーは 2 つの項の和で表すことができる（式（4-17））。2 つの項とは，エンタルピー項（ΔH）とエントロピー項（ΔS）である。これらの意味を正確に理解するのはそう簡単ではないが，ここでは大雑把にその概念を掴んでおきたい。

$$\Delta G = \Delta H - T\Delta S \tag{4-17}$$

　エンタルピー項とは，イオン結合，水素結合，疎水性相互作用などで，ES 錯体を形成するとエネルギー的に得をする項であると考えて差し支えない。エネルギー的に得するからこそ，あるいは安定になるからこそ ES 錯体を形成するのであるから，この項の絶対値が大きいほど ΔG の絶対値も大きくなり，親和性が大きいことになる。このようにエンタルピー項のついては比較的理解しやすい。問題はエントロピー項である。これは「乱雑さ」の程度と考えて良い。もう少し化学的に表現すると「その分子が有する自由度」に関する項である。乱雑である程，自由度が大きいということになり，エントロピーは大きくなる。溶液中に存在していた基質が酵素と結合するとその配座は制限を受けることになる。自由自在に動き回っていたのでは，できるはずの水素結合もできなくなってしまう。錯体形成によって次の反応に都合の良い配座に固定されるとも考えられる。したがって，エントロピーは減少せざるを得ず，この項にはマイナスの符号がついているので，全体としては正となり，ΔH の項とは逆になる。結局 ES 錯体を形成する際には，エントロピー項（ΔS）では損しても，その分以上にエンタルピー項（ΔH）で得するので，結果的に錯体形成の方へ平衡が傾くと考えて良い。エントロピー項が減少してすでに反応に都合の良い立体配座に固定されているということは，遷移状態へあがって行く際の活性化のエントロピー（エントロピーの変化）は小さいということを意味する。酵素反応で遷移状態のエネルギーが低くなる要因の 1 つはこれであると考えて差し支えない。

4.3 酵素反応の制御

4.3.1 可逆的阻害と非可逆的阻害

酵素と結合して，その活性を阻害する物質を酵素阻害剤という。可逆的阻害とは，その阻害剤の濃度が何らかの理由で小さくなると，酵素の活性が回復するような形式の阻害のことをいう。この場合阻害剤は酵素と錯体を形成していることになる。これに対して，いったん活性を失った酵素は再び活性を回復しない場合もある。この様式を非可逆的阻害という。この場合には酵素と阻害剤は共有結合となっている場合が多い。

また酵素反応の生成物自体が阻害剤となることもある。このような阻害作用を生成物阻害という。可逆的な場合もあるし，非可逆的なこともある。特に非可逆的阻害を引き起こす基質のことを自殺阻害剤とよぶ。一例としてアリルアルコールの酸化を挙げておこう。式（4-18a）の基質がアリルアルコールである。この化合物を，アルコールデヒドロゲナーゼ（ADH）を触媒として酸化すると，対応するアルデヒドであるアクロレインが生成する。このアルデヒドは α, β-不飽和アルデヒドなので良好なマイケル受容体となる（1.2.3参照）。たまたま酵素の活性部位付近にアミノ基や水酸基を有するアミノ酸残基が存在すると，それが求核剤となって，アクロレインと反応してしまう（式（4-18b））。すると酵素は非可逆的に失活してしまう。

$$\underset{\text{アリルアルコール}}{H_2C=\underset{H}{C}-CH_2OH} \xrightarrow{\text{ADH}} \underset{\text{アクロレイン 1a}}{H_2C=\underset{H}{C}-\underset{H}{C}=O} \longleftrightarrow \underset{\text{1b}}{H_2\overset{+}{C}-\underset{H}{C}=\underset{H}{C}-O^-} \quad (4\text{-}18a)$$

ADH: alcohol dehydrogenase

$$\underset{\text{Enz}-\overset{..}{X}H}{H_2\overset{+}{C}-\underset{H}{C}=\underset{H}{C}-O^-} \longrightarrow \underset{\text{Enz}-X}{\overset{H_2}{H_2C}-\underset{|}{C}-\underset{H}{C}=O} \quad (4\text{-}18b)$$

阻害の様式には代表的な2つの種類がある。拮抗阻害（競争阻害）と反拮抗阻害である。拮抗阻害の場合は阻害剤と基質が競争的に活性部位に結合する。阻害剤が結合すると基質は結合できないので，反応は進行しない。阻害剤存在下に反応を行なうと阻害剤濃度が大きいほど基質は結合し難くなるので，その分 K_m が大きくなったような振る舞いとなる。したがって，Lineweaver-Burk プロットの勾配がきつくなるが，縦軸との交点の値は変化しない。三次元的な構造と電荷分布が基質と類似しているような阻害剤にこのような形式になる化合物が多い。

一方，反拮抗阻害では，阻害剤は活性部位以外の部位に結合する。同時に基質も結合するが，反応は進行しない。阻害剤が結合したため，酵素の三次元構造が変化し，触媒部位等が基質の反応点から離れて，反応を触媒し得なくなると考えれば良い。このように基質が結合する部位とは異なる部位に他の化合物が結合して酵素活性が変化することを一般にアロステリック効果という。必ずしもマイナスの効果だけではなく，活性が向

上する場合もあり得る。

　反拮抗阻害では，阻害剤存在下でも基質と酵素の親和性は変化しないが，最大速度は阻害剤がある分小さくなる。したがって，Lineweaver-Burk プロットで，横軸との交点は変化しないが，縦軸との交点は上に移動することになる。このようにして，どのような阻害様式であるかは，動力学的研究で明らかになる。

4.3.2　フィードバック阻害とフィードバック制御

　細胞内では，いったん酵素が生合成されたら，その酵素が触媒する反応は永遠に進行し続ける，というのでは都合が悪い。必要な化合物の濃度を常に必要なレベルに保つため様々な工夫がなされている。酵素の生合成に必要な m-RNA の転写をコントロールする，既存の酵素の活性を可逆的に阻害する，m-RNA や酵素を適度な速度で分解する，などである。図 4-4 に単純化したコントロールの仕掛けを模式的に示した。一言でいえば過剰になった生成物自体が，その生成をいくつかの方法で阻害する，ということである。

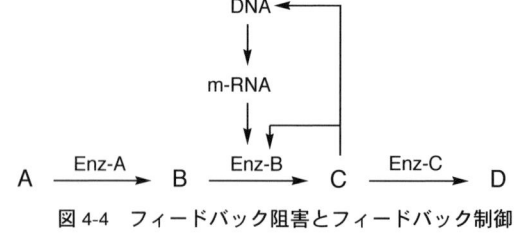

```
                DNA ←―┐
                 ↓    │
                m-RNA │
                 ↓    │
A ―Enz-A→ B ―Enz-B→ C ―Enz-C→ D
```

図 4-4　フィードバック阻害とフィードバック制御

　いま，A → B → C → D という生合成経路があるとする。Enz-A，B の活性に比べて Enz-C の活性が低いと，化合物 C は次第に蓄積されることになる。このような状況では化合物 C の生産を一時停止する方が望ましい。このための最も手っ取り早い方法は化合物 C が Enz-B の阻害剤として作用することである。これをフィードバック阻害という。しかし，この間も Enz-B は生合成され続けるのであるから，この点は無駄である。そこで，もっと根本的に酵素そのもの生合成を止める阻害様式もある。それは化合物 C が DNA に作用して，Enz-B をコードしている m-RNA の転写を阻害することである。これをフィードバック制御という。こうすると酵素そのものの生合成がストップする。しかし，すでに存在する Enz-B 作用で，化合物 C は合成され続けるのではないかという懸念がある。この点については，その心配はない。上にも書いたように，酵素も m-RNA も，常に適度な速度で分解されている。したがって，化合物 C の生産量は次第に少なくなっていく。一方，化合物 C は化合物 D の生合成の中間体であるから次第に消費され，その濃度は減少することになる。化合物 C による酵素や DNA の阻害は化合物 C がそれらと錯体を形成するからである。遊離の化合物 C と錯体の間には化学平衡が成立しているのであるから，化合物 C の濃度が小さくなれば，C は酵素あるいは DNA から解離する。それに伴って酵素活性や転写は回復し，再び C の生産が始まる。

このようにして化合物 C の濃度は必要な限り，ある範囲内で一定に保たれているのである。実際の阻害の機構はもっと複雑に絡みあっているが，本質的にはここで述べた生成物阻害が基本である。

4.3.3 医薬品としての酵素阻害剤

人の体の中では必要な化合物が必要なだけ生合成されているはずであるが，ときにそのバランスが狂うこともある。また病原菌が侵入してくることもある。これらは全て何らかの疾病の原因になる。これを健康な状態に戻す，あるいはこのような疾病を未然に防ぐのが医薬品である。医薬品の作用機序にはいくつかの機構が知られているが，酵素阻害剤として働く化合物が医薬品として効果を発揮することもある。1 例をあげてみたい。

ステロイドの 1 種であるコレステロールは，副腎皮質ホルモンの生合成原料として少量必要であるが，多過ぎると脂質異常症の原因となり動脈硬化などを引き起こす。このような障害は年配の人にとっては深刻な問題である。コレステロールは食物にも含まれているし，生合成もされている。したがって，いくらコレステロール含量の多い食物を摂ることを控えたとしても，生合成がその分を補ってしまう。そこで，食事から摂る量を制限すると同時に生合成をストップさせる必要がある。このようなときに，酵素の阻害剤が有効利用される。

$$(4\text{-}19)$$

コレステロールの生合成経路は式（4-19）の通りである。アセチル CoA 3 分子から合成されるヒドロキシメチルグルタリル CoA（HMGCoA）が還元されて，メバロン酸が生成する。これがピロリン酸化され，さらに 3 級炭素に結合した水酸基も次の反応で脱離しやすいようにリン酸化される。次に脱炭酸でカルボキシル基が脱離し，そこで生成すると予想される末端の炭素陰イオンからリン酸アニオンが脱離して二重結合となり，イソペンテニルピロリン酸が生成する。これは 7 章で詳述するテルペンの出発物質であ

る。この分子が6個結合して炭素数30個の鎖状化合物となった後，環化するとコレステロールが生成する。この反応式に示した最初の反応であるHMGCoAを還元する酵素（HMGCoA還元酵素）の阻害剤が，コレステロールの生合成を阻害する効果があると期待されて探索された。最初に発見された化合物から実際の医薬品として市場に出るまでには様々な紆余曲折があったが，最終的には図4-5に示したブラバスタチンやコンパクチンが有効な薬として使われている。これらの分子の右上部分がターゲットとした反応の基質や生成物と類似の構造を有していることは納得して頂けると思う。この部分が酵素の活性部位に結合するものと推定される。

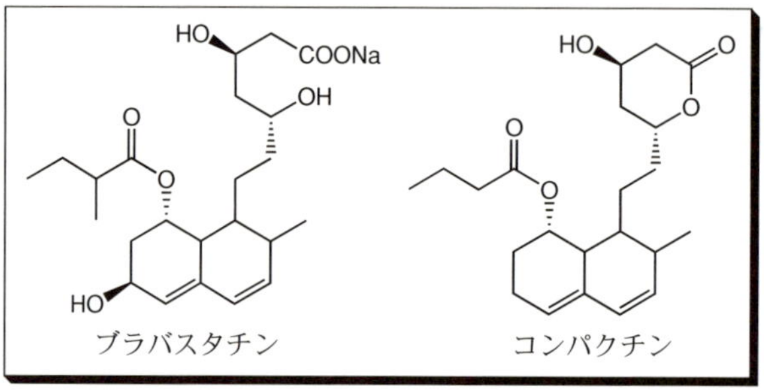

図 4-5　コレステロールの生合成阻害剤

4.4　酵素反応に影響する様々な要素

　酵素反応といっても触媒がタンパク質であるというだけで，化学反応の1つであることには変わりないので，一般的な化学反応に影響する様々な要素は反応の速さや選択性に重大な影響を有する。その上，触媒の酵素自体も反応条件に著しい影響を受ける物質であるから，酵素反応の最適条件を設定することは一般的化学反応以上に難しい面もあるといえる。酵素反応全般に，これが最適条件であるというようなものはない。以下順不同に反応に影響を与える要素とその限界を示したい。

　化学反応一般に，反応温度は高いほど反応速度は大きくなる。おおよその目安として，10°C高くなると反応速度は2倍になる。しかし，タンパク質がその活性な立体配座を維持できる温度には限界がある。一般的には30℃前後である。これまで知られている微生物の生育限界は，下が−10℃，上が110℃である。水の沸点付近で生育できる生物がいるとは驚異的であると言える。pHについても一般的には中性付近が最適である。知られている限界はpH 1〜11程度である。圧力に関しては一般的には1気圧前後であるが，深い海の底でも生育している微生物がいることは知られていて，これまでの所最高圧は100気圧程度である。浸透圧に関しては，15%食塩水中でも生存できる微生物の存在が知られている。生理食塩水の濃度が0.85%であることを考えると相当に濃い塩濃度であると言うことができる。光や放射線を照射するとDNAに突然変異が起きて，生物は生存できない。ヒトにとってもオゾン層の破壊に伴う紫外線量の増大が脅威であ

ることはご存知のとおりである。この点に関しては，大腸菌の致死量の 10 倍程度の線量に耐える微生物の存在が知られている。基質濃度に関しては希薄な方が望ましい。しかし，工業的に利用されている微生物の中には，10%以上の基質の存在下でその基質の変換反応を円滑に遂行するものも珍しくない。

微生物が利用できる炭素源や窒素源は非常に幅広い。炭素源としては，一般的には糖であるが，石油，ベンゼン，トルエン，二酸化炭素などを変わったものとしてあげることができる。窒素源として変わったものとしては，シアノ化合物がある。加水分解してしてアンモニアをつくるのである。酸素を必要としない微生物も珍しくない。

このように，微生物はかなりバラエティに富む条件下で生育できる。しかし，これまでに人為的に設定した条件下で増殖に成功している微生物の種類は，微生物全体の 1% 程度であろうと信じられている。ほとんどのものは人口培養できていないということである。

4.5　補酵素

酵素は反応の触媒であり，1 つ 1 つの化合物に対応して，必要な酵素がなければならない。しかし，化合物の形は多少違うが，類似の骨格をあるいは官能基を有する化合物は，例えばアミノ酸のように多く存在する。したがって，個々の化合物を見分ける部分と，官能基を活性化する共通の構造を分けておき，実際の反応ではその 2 者の組み合わせで作用するというやり方にする方が，酵素の構造が簡単になる。また，酸化還元反応では，反応を促進する酵素の他に，酸化剤や還元剤が必要である。酸化剤としては空気中の酸素を使う場合もあるが，それ以外の酸化剤も必要である。このように，一定の官能基を有する化合物の反応には，酵素に必要なカセットをはめ込んで効率良く反応を進行させることが少なくない。このカセットにあたる部分を補酵素という。日常生活で「ビタミン」と呼ばれているものは，補酵素であることが多い。いくつかの補酵素の具体的な働きに関しては，第 8 章，9 の代謝の章で反応とともに必要に応じて説明したい。ここではその役割で分けて，総括的にその種類を紹介しておくこととする。

図 4-6 (a) には酸化還元に使われる補酵素群を示した。全て，一方側の反応剤として消費されるのではなく，酸化型，還元型がそれぞれ酸化剤，還元剤となりリサイクルされている。補酵素 Q では，キノンとジヒドロキノンがそれぞれ酸化剤，還元剤となる。リポ酸はジスルフィド結合とチオールのリサイクルである。NAD^+ はヒドリド (H^-) 受容体で酸化作用があり，逆に NADH は形式的にヒドリド供与体である。ピリジン環が結合しているリボースの 2' 位の水酸基がリン酸エステルとなっているものもあり，それぞれ $NADP^+$，NADPH という。FAD でもヘテロ環が酸化還元剤としての役割を果たしている。ヘムタンパク質では，中心金属の価数が変化して電子伝達のメディエーターとなっている。利用される金属は鉄とは限らない。銅，亜鉛，マグネシウムなどが知ら

れている。

　図 4-6（b）に示した補酵素は，特定の官能基の活性化剤と言って差し支えない。ピリドキサールはアルデヒドが活性基でアミノ基の酸化に利用される。一方，ピリドキサミンの方は還元剤として作用し，両者のリサイクルでアミノ酸からケト酸へアミノ基の転移が触媒される。図では反応は一方向にしか書いてないが，実際には可逆的で逆方向の反応も速やかに進行する。ビオチンはいわば二酸化炭素の活性化剤である。チアミンピロリン酸は，安定な炭素陰イオンとなるチアゾール環が触媒中心となり，α-ケト酸の脱炭酸を促進する。補酵素 A はチオール部分が鍵で，様々なカルボン酸とチオールエステルを生成し，それらの活性化剤としての役割を果たしている。

　図 4-6（c）の ATP はリン酸無水物結合を有することがポイントで，生体内のエネルギー源である。

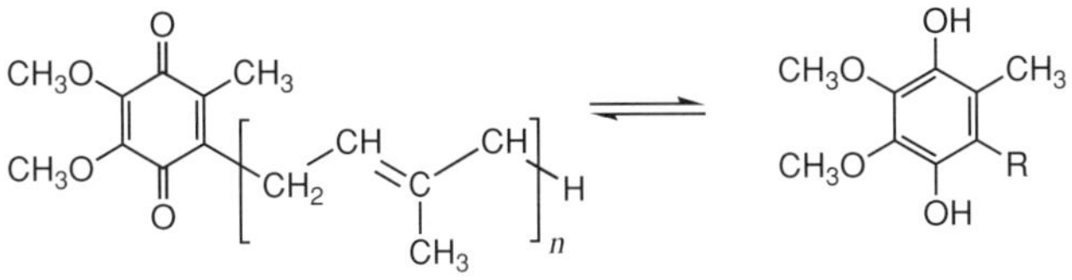

図 4-6 (a) 酸化還元に関する補酵素

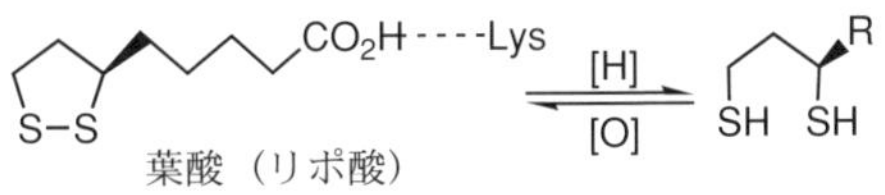

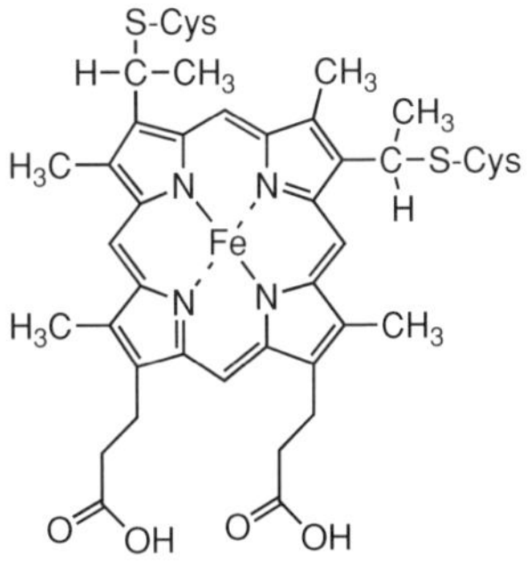

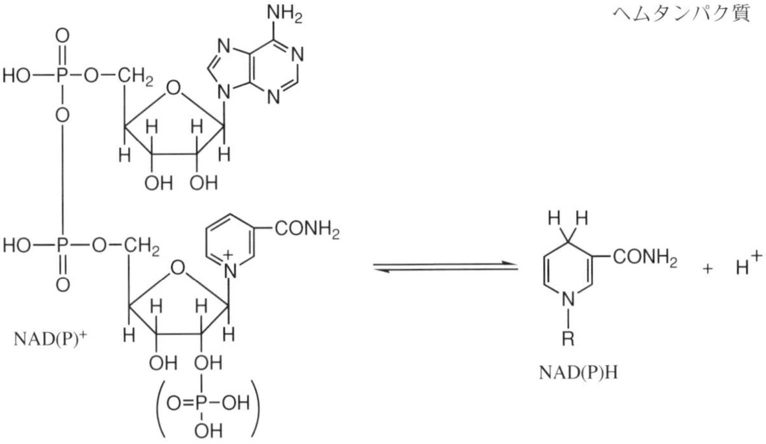

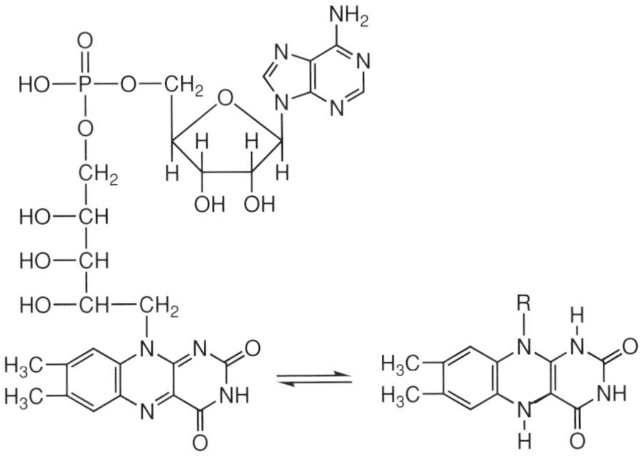

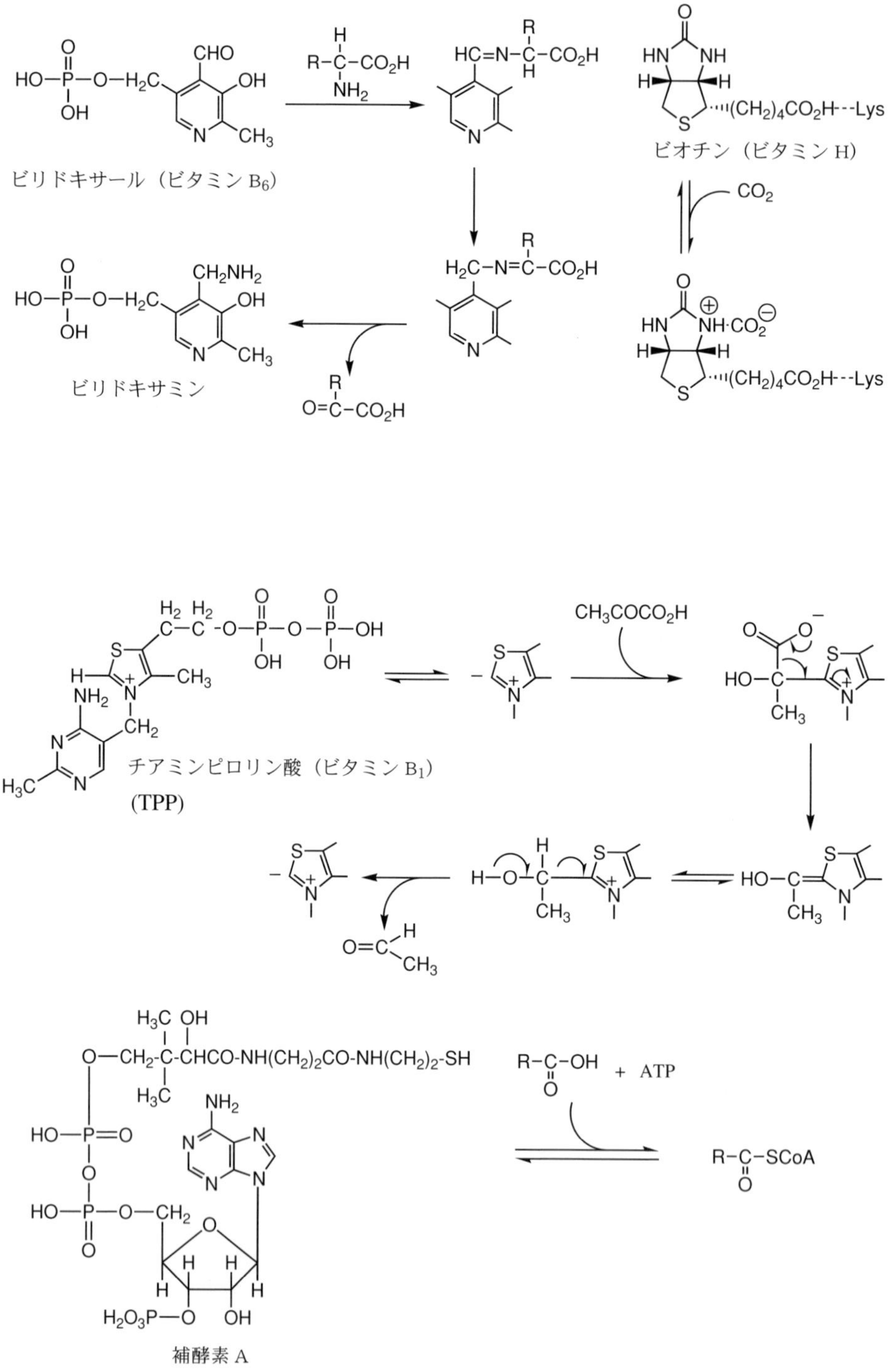

ピリドキサール（ビタミン B_6）

ピリドキサミン

チアミンピロリン酸（ビタミン B_1）
(TPP)

ビオチン（ビタミン H）

補酵素 A

図 4-6（b） 反応加速のための補酵素

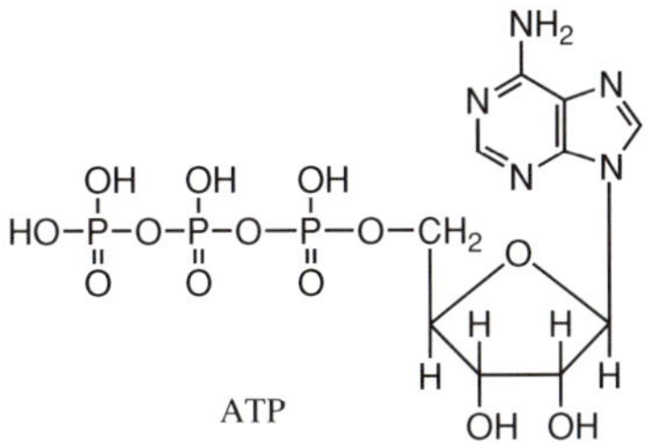

図 4-6（c） エネルギー源としての補酵素

補酵素の発見

　ヨーロッパではなぜブドウからワインができるのだろうと，長い間謎であった。19世紀末には，生きている酵母の作用でワインができるというフランスのパスツールの説が最も有力であった。

　当時，ドイツの細菌学者コッホの下へ日本の北里柴三郎が留学していて，彼は破傷風菌の純粋培養に成功した。さらに毒性を弱めた菌が破傷風の予防や治療に有効であることを発見し，これは破傷風菌が有する「抗毒素」の働きであると考えた。ブフナー（兄）はこれにならって赤痢菌に対する抗毒素を発見しようと試みた。いきなり赤痢菌を扱うのは危険なので，微生物の扱いになれるためにまず酵母を使った実験から始めた。この研究中ブフナー（弟）は，酵母の絞り汁（酵母をすりつぶし，固形物を除いたもの）に糖分を発酵する作用があることを発見した。すなわち，生きている酵母ではなく，細胞内に含まれる物質が糖分をアルコールに変化させていることを見出したのである。これは化学の言葉で生命現象を語ることができることを示した最初の発見で，ブフナーはこの物質をチマーゼと名付けた。1887年のことである。生化学の夜明けといってもよい。

　ハーデンとその協力者ヤングは煮沸した酵母のしぼり汁に活性があるかどうかを調べたが，結果は「ノー」であった。ところが面白いことに，この煮沸したしぼり汁は，加熱していないしぼり汁に加えると，その発酵能は増大したのである。

　この謎を解くために彼らは酵母のしぼり汁を透析した。要は，現在でいうタンパク質のような高分子量の物質と低分子量の物質を分離したのである。この両者の活性を調べると，両者ともに活性はなかった。しかし，両者を合わせると発酵能が現れた。さらに調べると高分子は熱に弱く，低分子物質は煮沸しても活性を失わないことなども明らかになった。ハーデンらは，ブフナーのいう高分子のチマーゼのほかに，低分子物質が必要であることを明らかにし，これをコチマーゼと命名した。後の研究でチマーゼもコチマーゼも単一の物質ではないことがわかったが，この時点で酵素と補酵素が存在することが明らかになった。

5

核酸
ヌクレオシド
ヌクレオチド

　核酸とは，細胞内の核から単離された酸性物質という意味である。やがて，これが遺伝を担う物質であることがわかり，化学的にはDNAという高分子であることが明らかになる。その構造はX線回折像をもとにして20世紀の中頃，1953年に明らかになった。かの有名な二重らせんモデルである。以後分子生物学が飛躍的に発展し，21世紀のゲノム科学の時代へつながっていくことになる。

　本章では，まずヌクレオシド，ヌクレオチドという部品を意味する言葉を理解し，次にA－T，G－Cという核酸塩基のペアの化学的必然性と生物学的意味を理解したい。これらのペアリングは単なる偶然ではなく，遺伝情報を正確に次の世代へ伝える巧妙な仕掛けなのだ。DNAの有する情報とは，その生物固有の情報を次の世代に伝えることの他に，もう1つ重要な意味がある。それは，タンパク質を合成する際のアミノ酸の配列順を規定することに他ならない。DNAからタンパク質へ，どのようにして情報が転写されていくか，そのメカニズムを概説したい。

　がんやウィルス疾患は，DNAに深い関わりがある。したがって，核酸類似物質はこれらが関与する疾患の治療薬としての効果がある。最後にこの作用についても触れておきたい。

核酸とは,「細胞の核の中に含まれる酸性物質」として発見されて,この名前がつけられた。やがてウィルスを使った実験で,この物質こそ遺伝情報を担っていることが明らかになった。1953年には有名な二重らせん構造が提案され,その後の分子生物学の発展を促した。「遺伝情報を担う」といっても,それは生殖細胞(ヒトで言えば,卵子と精子)のDNAだけで,体細胞中のDNAは「タンパク質の設計図」としての役割を担っている。すなわち,DNAの塩基配列こそが,タンパク質のアミノ酸の配列順を決めている「設計図」である。したがって,塩基配列を明らかにすれば,対応するタンパク質のアミノ酸配列を知ることができる。

「遺伝子」という言葉は,1個のタンパク質をコードしているDNA鎖を示す言葉で,タンパク質1個に対して対応する遺伝子が1個存在することが確立されている。ただし,高等動物や植物ではタンパク質をコードしていないDNA部分の方がはるかに多い。タンパク質をコードしている部分をエキソンとよぶが,ヒトでは1.5%程度である。

本章では,核酸の構造,その有機化学的意味,情報伝達の機構,核酸類似物質の生理活性などについて学ぶこととしたい。

5.1　DNAとRNAの構造

5.1.1　核酸塩基・ヌクレオシド・ヌクレオチド

遺伝情報およびタンパク質の生合成に関与する核酸には2種類あり,それぞれデオキシリボ核酸(deoxyribonucleic acidを略してDNA)とリボ核酸(ribonucleic acidを略してRNA)である。その構造式は図5-1に示した。DNAでは,2'位に水酸基がなく,RNAではこれがあることが両者の違いである。デオキシリボースあるいはリボースの1位にピリミジンあるいはプリン塩基とよばれる含窒素ヘテロ環が結合している化合物をヌクレオシドという。この5'位の水酸基がリン酸エステル構造になっている化合物はヌクレオチドである。まぎらわしい名前ではあるが,きちんと覚えなければならない。リン酸部分が他のヌクレオチド分子の3'位と結合してポリエステルなったものがDNAおよびRNAである。含窒素ヘテロ環部分は塩基性であるが,リン酸の水酸基1個は遊

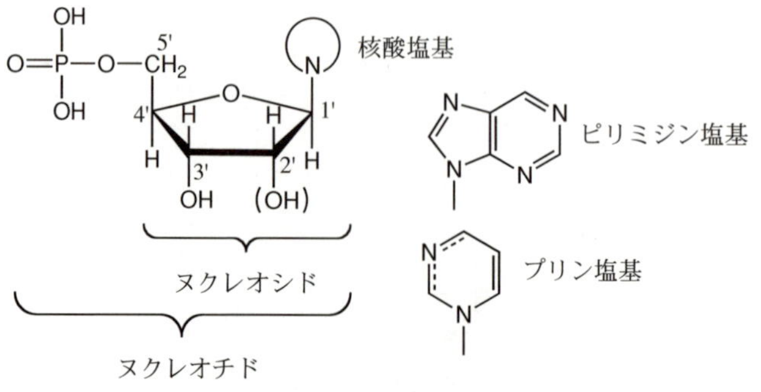

図 5-1　DNAおよびRNAの構成単位

離の形で残っていて，結局全体としては酸性になるので「核酸」と名付けられた。生命体は水酸基（OH）の有無で，DNAとRNAを厳密に識別していることになる。また水酸基のない方が化学的に安定であるが，より安定性を要求されるDNAが水酸基を持たない構造であることは合理的である。

5.1.2 A–T・G–Cペアの意味

DNAの構造を図5-2（a）に示す。核酸塩基としてはアデニン，シトシン，グアニン，チミンの4種類が使われ，それぞれA，C，G，Tと略記される。この4種類が使われることは地球上の全ての生物に共通である。この事実は，全ての生物は原始の海で誕生した共通の祖先から進化してきたことを物語る有力な証拠である。

DNA鎖は通常2本が対になって存在している。重要なことは，対をなす2本では3'→5'の方向が互いに逆であることと，必ずAとT，GとCがペアをつくっているという2点である。A–T，G–Cのペアの間には，図の点線で示したように，うまい具合に水素結合が可能である。これらのペアの相手の方を互いに相補的な塩基という。例えば，Aの相補的塩基はTであり，逆もまた真なりである。AのペアとしてT以外の核酸塩基をもってきたのではTの場合程には具合良く水素結合ができないことを構造式を描いて確かめて頂きたい。A–Tペアでは水素結合は2本，G–Cペアでは3本であ

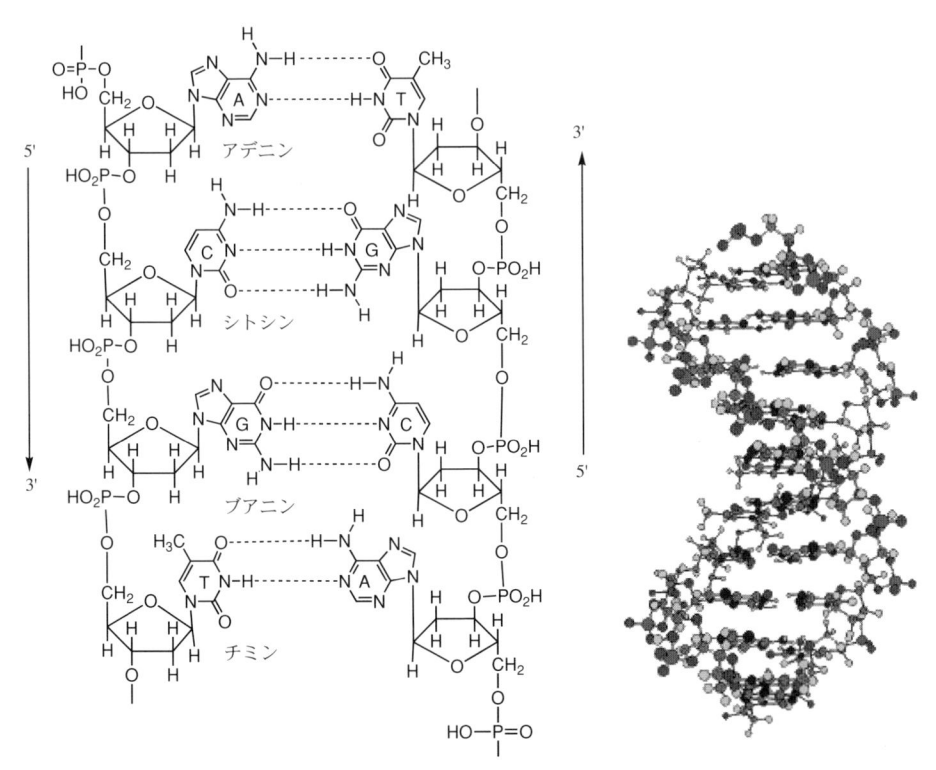

図 5-2（a） DNAの構造と核酸塩基間の水素結合　　図 5-2（b） DNAのらせん構造

るので，G−C の含量が多い DNA ほど，強固な 2 重鎖を形成する。

実際の形を模式的に図 5-2（b）に示した。2 本のポリエステル鎖が互いにらせん状になって二重らせん構造をとり，核酸塩基は主鎖の軸とは垂直な平面を形成し，らせんの内側を向いて水素結合をつくるのにちょうど良い距離となる。

RNA は 1 本鎖であるが，その構造は基本的には DNA と同じである（図 5-3）。しかし，RNA は糖としては 2' 位に水酸基を有するリボースそのものを使い，核酸塩基としてはチミンの代わりにウラシル（U）を使う。チミンとの違いはメチル基があるかないかだけなので，アデニンとの水素結合の形成には何ら影響しない。

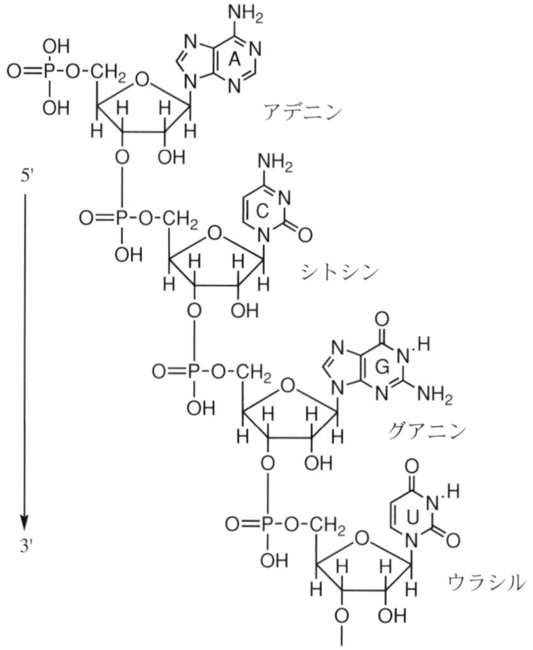

図 5-3　RNA の構造

5.1.3　二重らせんの生物学的意味

DNA では，必ず A−T，G−C ペアができるのであるから，どちらか 1 本の鎖の塩基配列が決まれば，他方のそれは一義的に決まることになる。したがって，二重鎖であることは，タンパク質合成の「情報源」としての DNA には何の意味も持たない。では何故二重鎖になっているのであろうか？これは遺伝情報を子孫に伝えるという DNA のもう 1 つの本質的役割にとって重要なことである。

細胞が分裂する際には，DNA の正確なコピーが必要である。塩基配列の再現に 1 つの間違いも許されない。このために，二重鎖になっていることは非常に好都合なのである。DNA 鎖の分裂の様子を図 5-4 に模式的に示した。新しい DNA 鎖ができるときは，ジッパーを開くように既存の DNA 二重鎖が端から少しずつ開いて，それに伴って新たな A−T，G−C ペアができるようにヌクレオチドがつながれて行く。つなぐの

はもちろん酵素が触媒する反応ではあるが，これらのペアは化学的にも最も好ましいペアであることは前に述べた。仮に酵素の選択性の助けがなくても選ばれる塩基を有するヌクレオチドを拾ってつなげていくのである。したがって，そうでない場合に比べて，間違いは少なくなる道理である。こうしてできた図の右端の2本の新しい二重鎖をもとのものと比べると，寸分の違いもないものができていることが確認できるであろう。もしDNAが二重鎖ではなく，新たにつくるときにもとのものをお手本にしてそれと同じ塩基を有するものをつなげていかなければならない場合には，どのような手掛かりでテンプレートと同じ塩基を選び出すかということが，大変困難な問題であろう。間違いを避けるための酵素のデザインは非常に難しくなるであろう。この困難さを避けるための工夫が二重鎖になっていることの意義である。20種類のアミノ酸を識別すためなら，3種類の核酸塩基でも充分である（$3 \times 3 \times 3 = 27$ 種類）。しかし実際には4種類の核酸塩基が使われているのは，複製の際の間違いを最小限にするためと考えられる。

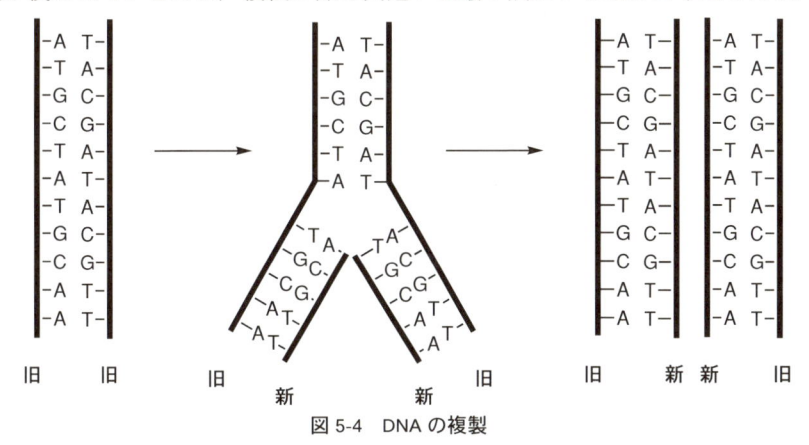

図 5-4　DNA の複製

5.2　セントラルドグマ

　DNAは遺伝情報を子孫に伝えると同時に細胞内で合成されるタンパク質の設計図でもあることはすでに述べた。この節ではDNAからタンパク質への情報の流れについて説明する。

5.2.1　DNAからタンパク質へ

　多細胞生物では，全ての細胞に同じDNAが入っている。それにもかかわらず，発現している情報は細胞によって異なる。例えば目と鼻の作用が違うことを思い浮かべていただければ，簡単にわかる。単細胞生物でも環境によって機能が変化することは想像できることである。これらのことからわかるように，DNAの情報の発現は取捨選択されているのである。このようなことを可能にするためには，DNAとタンパク質の間に何かが介在する必要がある。また，この介在している何かはDNAの塩基配列をアミノ酸

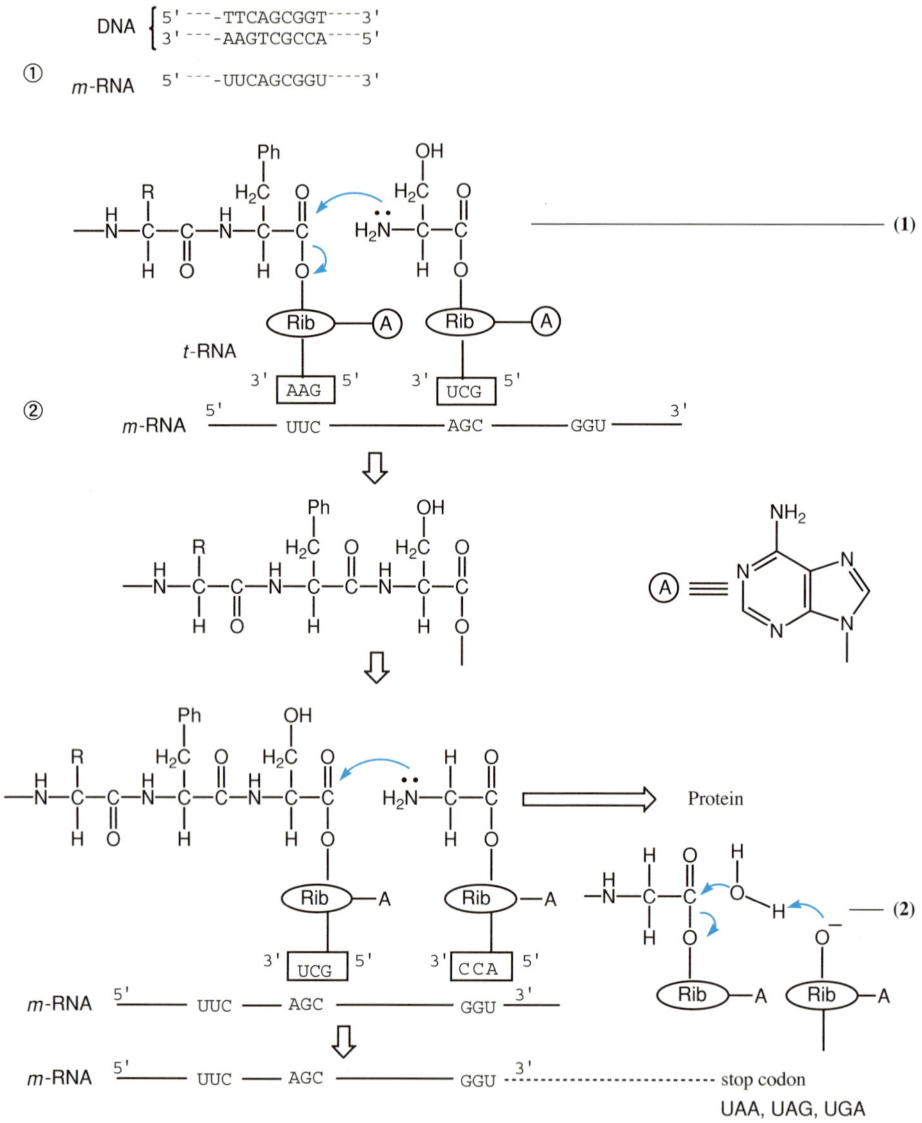
DNA
5' ----TTCAGCGGT----3'
3' ----AAGTCGCCA----5'
①
m-RNA 5' ----UUCAGCGGU----3'
(1)
t-RNA
AAG
UCG
②
m-RNA 5' UUC AGC GGU 3'
Protein
(2)
UCG
CCA
m-RNA 5' UUC AGC GGU 3'
m-RNA 5' UUC AGC GGU 3'
stop codon
UAA, UAG, UGA

図 5-5　DNA の塩基配列をもとにしたタンパク質の合成

に翻訳する役割ももっていなければならない。

DNA の情報の要素となる核酸塩基は 4 種類である。これに対してアミノ酸は 20 種類である。4 種の要素で 20 種類のアミノ酸を区別するための暗号をつくるには，核酸塩基 3 個の組み合わせでアミノ酸 1 個をコードする必要がある。3 個の塩基の組み合わせなら 64 通りの暗号が可能で，これなら 20 種をカバーして余りある。2 種の組み合わせでは 16 通りしかできず，これでは不足である。実際にも 3 種の塩基の組み合わせで 1 個のアミノ酸が決まる仕組みになっている。この 3 種の核酸塩基の組み合わせをコドンという。アミノ酸の数よりはるかに多いので，1 個のアミノ酸について，複数のコ

ドンがあり得る。ほとんどのアミノ酸が複数のコドンを有し，最も多いものはセリンの6通りである。

遺伝暗号の翻訳の第一歩は，DNA の情報の必要な一部分を切り出すことである（図5-5，①）。この役割を担うのは伝令 RNA（m-RNA）である。図 5-5 に示すように，DNA の二本鎖のうち，読み取られる方の塩基配列を下にして 3' 末端を左側に書く。すると読み取られない方の鎖はその上側に書いて，5' 末端が左側になるように書くことになる。DNA の塩基配列を 1 本鎖で書くことも少なくないが，そのときには必ずこの図の上の鎖を書く。DNA を鋳型にして m-RNA が合成されるときも，先に述べた DNA の分裂と同じで，下側の鎖の相補的塩基を有するヌクレオチドが繋がって行く。したがって，その塩基配列は，T の代わりに U が使われる点を除けば DNA 表記と一致することになる。この点でわかりやすいので，DNA 表記を 1 本鎖で表すときは，わざわざ読み取られない方の鎖の配列を書くことにしたのである。

DNA から切り取られた情報，すなわち m-RNA はリボソームという名の巨大タンパク質に結合する。リボソームはいわば，タンパク質合成工場である。この m-RNA に転移 RNA（t-RNA）のコドンの部分が結合する（図 5-5，②）。この t-RNA の 3' 末端の水酸基にはコドンと対応するアミノ酸が結合してエステル（アミノアシル t-RNA）となっている。このように，リボソームにアミノアシル t-RNA が結合すると，このアミノ酸残基のアミノ基部分が，これまでにすでに繋がっているペプチドのカルボキシ末端とリボースのエステル結合が近づく。アミノ基がエステル結合を求核的に攻撃してアミド結合（ペプチド結合）が新たに 1 個生成する（式（5-1）で示した反応）。このようにして，アミノ酸が C 末端側へ次々に結合してペプチド鎖が延びていく。このように次々とアミノ酸がつながるときりがない。ある時点でこの連結反応を止めなければならない。そのためにあるのが終止コドン（ストップコドンあるいはナンセンスコドン）である。このコドンには 3 種類あって，3' 末端はアシル化されておらず遊離の水酸基である。リボソームにこのコドンを有する t-RNA が結合すると，リボースとペプチド鎖のエステル結合にはアミノ基の代わりに水が作用し，加水分解反応が起こる（式（5-2）で示した反応）。これでカルボキシル基は遊離の形になり，タンパク質の C 末端となるのである。DNA の情報がタンパク質として発現される上記の流れをセントラルドグマという。

5.2.2 逆転写酵素

セントラルドグマは，確立されてから長いこと一方通行であると信じられてきた。ところが，RNA を鋳型にして DNA を合成できるウィルスが存在することが明らかになった。この過程に関与する酵素を逆転写酵素といい，このシステムを有するウィルスをレトロウィルスという。このウィルスは宿主に寄生すると自身の逆転写酵素で RNA から 1 本鎖 DNA を合成し，宿主が有する DNA ポリメラーゼを利用して 2 本鎖となって，宿主の細胞内で増殖を開始する。

この酵素は生命科学の研究でも大いに活用されている。ある条件下においた細胞内でDNAのどの部分が転写されているのか調べようとする場合，細胞内あるm-RNAを調べれば良い。しかし，量が少ない上にRNAは不安定であるので，直接的な観察は難しい。このようなとき，逆転写酵素を利用してターゲットのRNAをDNAに変換することができれば，化学的安定性は増大するし，PCR（polymerase chain reaction）という技術を使って大量に増幅することが可能で，塩基配列の決定などが容易に行なえる。

5.2.3 コドン

DNAの3種の塩基の組み合わせでアミノ酸1個を規定する理由の合理性については先に述べた。その一覧を表5-1にまとめた。塩基の種類についてはDNAではなくRNAで書いてある。多くのアミノ酸が複数のコドンを有するが，TrpとMetは1種類しかない。この中でもMetは開始コドンとなることが多く，RNAポリメラーゼがDNAのATGを認識するとここからヌクレオチドを拾い始め，m-RNAの合成が開始される。

表5-1 RNAのコドンとアミノ酸の対応

第1	第2				第3
	U	C	A	G	
U	Phe	Ser	Tyr	Cys	U
	Phe	Ser	Tyr	Cys	C
	Leu	Ser	stop	stop	A
	Leu	Ser	stop	Trp	G
C	Leu	Pro	His	Arg	U
	Leu	Pro	His	Arg	C
	Leu	Pro	Gln	Arg	A
	Leu	Pro	Gln	Arg	G
A	Ile	Thr	Asn	Ser	U
	Ile	Thr	Asn	Ser	C
	Ile	Thr	Lys	Arg	A
	Met	Thr	Lys	Arg	G
G	Val	Ala	Asp	Gly	U
	Val	Ala	Asp	Gly	C
	Val	Ala	Glu	Gly	A
	Val	Ala	Glu	Gly	G

同じアミノ酸に対して2種以上のコドンが存在する場合，全てのコドンが均等に使われるわけではない。生物の種類によって頻繁に使うコドンとそれほど使わないコドンが

ある。生物種によって，いわば「好みのコドン」がある。したがって，大腸菌を使って他の微生物の遺伝子を発現しようとするとき，アミノ酸配列そのものは変えないようにしてあるコドンを別のものに変えると，発現量が変化することは珍しくない。

5.2.4 転写のコントロール

遺伝子によっては，常に転写されて発現しているものあるし，ある特殊な条件下や刺激があったときのみ転写が始まって，タンパク質合成されるものもある。多細胞生物の場合は，体内のどの細胞であるかによって，発現される遺伝子は異なる。このように，DNA のある遺伝子が転写さされてタンパク質として発現されるか否かのコントロールは，その生物の死活問題で，非常に複雑なネットワークが張り巡らされている。あるタンパク質の生合成経路に何らかの支障が生ずると，ただちに控えの経路が動き出すというようなことも珍しくない。「故障したので，1時間お待ち下さい」とのんびりしたことを言えない場合が多く，fail-safe mechanism が幾重にも機能していると考えられる。したがって，転写のコントロールを明快に語ることは容易ではなく，様々な生物学的機能について地道な研究が続けられているというのが現状と考えて良い。

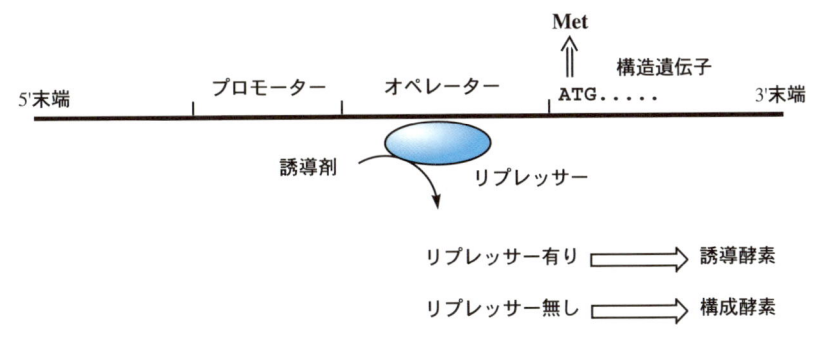

図 5-6 転写のコントロール

ここでは，基礎的な原理について簡単に触れておく。遺伝子の単純な1単位を図 5-6 に示した。一般に左側を上流，右側を下流という。プロモーターとは，RNA ポリメラーゼが結合する部位である。ポリメラーゼはここから下流へ移動し，先に述べたように ATG のコドンを見つけるとそれを出発点として m-RNA の合成を開始する。このように通常の条件下でいつも生合成されている酵素を構成酵素という。その生物にとって生きるために必要な酵素は，構成酵素である。ところが，プロモーターの下流のオペレーター部位にリプレッサーと総称される物質（遺伝子ごとに異なると考えて良い）が結合していると RNA ポリメラーゼは移動することができなくなるので，その下流の遺伝子に対応する m-RNA は合成されず，したがってタンパク質もできない。リプレッサーの結合は化学的にいえば，何らかの親和力による超分子の形成である。したがって，オペレーター部位よりリプレッサーとの親和性の強い物質があると，リプレッサーはオペ

レーターから解離して，その第3の物質と結合することになる。こうなるとRNAポリメラーゼの移動が可能になるので，タンパク質合成が開始される。このようにして合成される酵素を誘導酵素という。またリプレッサーをオペレーターから解離させる物質を誘導剤という。誘導酵素の基質となる化合物や構造的に似ている化合物は誘導剤になることが多い。

　実際の誘導機構や抑制機構ははるかに複雑で，何段階もの反応を通して，遺伝子が活性化されることも珍しくはない。細胞外からの刺激に対応するときもあるし，細胞内の栄養状態が引き金になることもある。このような複雑なコントロールの機構をシグナル伝達という。

5.3　核酸類似物質の生理活性

　細胞の分裂は必ずDNAの複製を伴う。したがって，これらに関与する酵素を阻害する物質は細胞分裂それ自体を阻害したり，細胞死を誘起したりする。我々の健康にとって重大で，しかも細胞分裂やDNAの複製が鍵となる事柄は，がんの増殖やウィルスの感染である。がん細胞とは増殖の制限が効かなくなったその人自身の細胞であり，ウィルスの本体はDNAやRNAであると考えて差し支えない。これらは分裂能が非常に高い以外は健康な細胞と大きな違いがないので，その治療や防除は容易ではない。

　抗がん剤や抗ウィルス剤には，DNA合成阻害剤が多い。DNAの複製を阻害するような物質は，分裂能の高い細胞やウィルスにとって，健常細胞に対するよりダメージが大

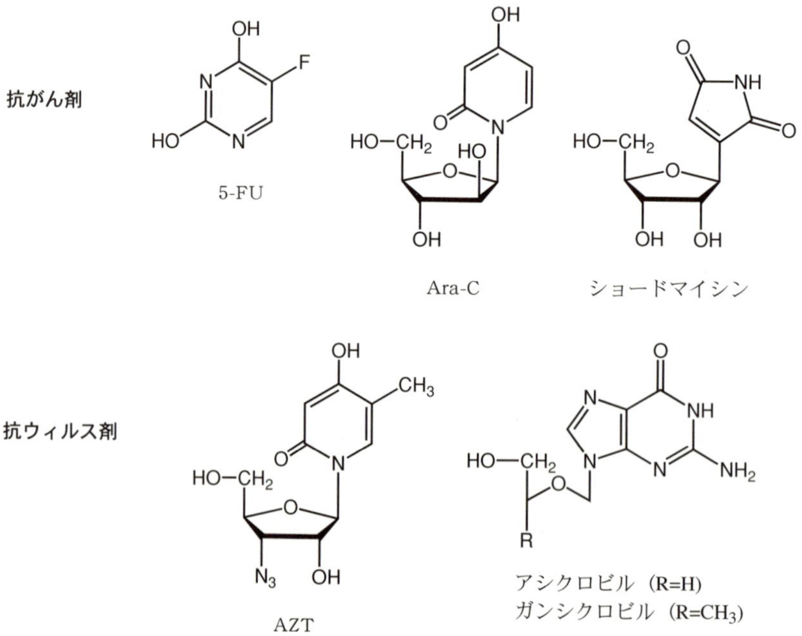

図5-7　生理活性を有する核酸類似化合物

きいであろうことは想像に難くない。細胞にとっても毒性があることと，がんやウィルス疾患に対して治療効果があることは紙一重であろうが，その狭い間隙をぬって実際に使われている化合物をいくつか図 5-7 に示した。抗がん剤にしても抗ウィルス剤にしても，一目で核酸塩基やヌクレオシドと類似の化合物であることが明らかであろう。現在は，このような医薬品をどうしたら患部だけに効率良く届けることができるか（ドラッグデリバリー）というようなことも盛んに研究されている。

核酸の意外な顔

　核酸は遺伝物質の構成要素として生命体にとって極めて重要な物質であるが，核酸塩基，A，T，G，C のうち A　アデニンは，ほかにも生体物質の重要な部分構造としても活躍している。酸化還元に使われる補酵素，補酵素 A，エネルギー源として重要な ATP などに含まれる（p.61 ～ 63 参照）。

　アデニンが他の核酸塩基より生命体によって多く使われるのはなぜだろうか。おそらく原始の海で生体物質が合成されていく過程の化学進化の時代に最もつくりやすい核酸塩基であったからだろうと考えられる。アデニンの分子式は $C_5H_5N_5$ である。すなわち，猛毒の代名詞にもなっているくらいよく知られた毒性物質シアン化水素（そのカリウム塩が青酸カリ）HCN が 5 量体といえる。シアン化水素の毒性は一酸化炭素と同じで，ヘモグロビンに酸素が結合することを阻害することによる。化学進化の時代とは生命誕生の前段階の時であるから，このような毒性は全く問題にならない。水中でも安定な炭素陰イオンとして存在しうるシアン化物イオン（NC^-）は C-C 結合を生成する際になくてはならない物質であったと想像できる。5 分子の HCN を図のように並べるとアデニンの骨格が浮かび上がってくる。

　また，核酸の変わった顔は旨味成分としての作用である。呈味性調味料として主として使われるのはアミノ酸の 1 つであるグルタミン酸（p.37 参照）のナトリウム塩であるが，アデニン骨格を有する核酸であるイノシン酸やグアニル酸を少量加えると，旨味がはるかに増すことが知られている。イノシン酸は鰹節の旨味成分であり，グアニル酸はシイタケやエノキダケの旨味成分である。両者とも，昔から有効成分が何であるかはわからないまま調理に使われてきたが，現在では工業的に製造されている。

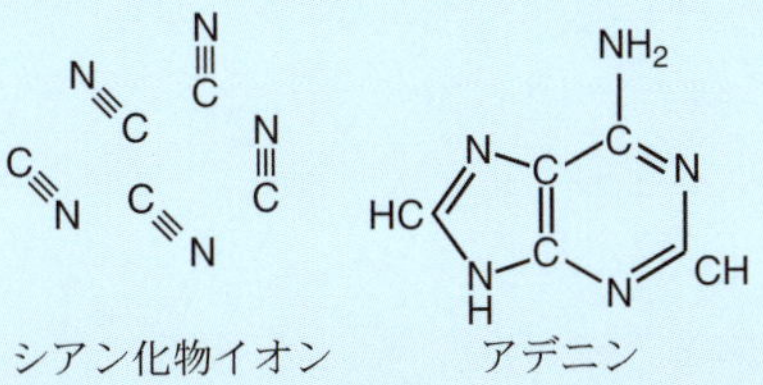

シアン化物イオン　　アデニン

6 脂　質

　脂質は，疎水性化合物の総称である。その構造により，いくつかの種類に分類される。この章の最初に，まず種類とその構造について説明する。カルボン酸やリン酸のエステルの基本構造を有するものと，ステロイドに代表されるエステル構造をもたない化合物がある。本章では主としてカルボン酸エステルについて述べる。
　エステル脂質の加水分解で生成する脂肪酸（化学的には長鎖カルボン酸）は生体内ではエネルギー源としての役割を担う。アセチルCoAが過剰になると，それを出発物質として脂肪酸が生合成される。一方，エネルギーが必要なときには，この合成経路を逆にたどり，多くのアセチルCoAを放出する。これがTCAサイクルに入って，ATPを生産するのであるが，その反応過程の合理性について説明する。

6.1 脂質の分類と構造

脂質とは，水に不溶性の親油性化合物の総称である。生体膜の成分，エネルギー源（主として長鎖カルボン酸のトリグリセリド），ホルモン作用を示す物質として重要である。

6.1.1 けん化性脂質と不けん化性脂質

けん化性脂質とはエステル構造を有し，加水分解して対応する酸とアルコールに変化し得る化合物である。酸部分としては，カルボン酸やリン酸が使われている。脂質の成分を意味するときは，カルボン酸のことを脂肪酸とよぶ。アルコール部分としては，グリセロール，糖，水酸基を有するアミノ酸，エタノールアミンなどである。

長鎖カルボン酸とグリセロールのエステルはトリグリセリドあるいは単にグリセリドとよばれ，エネルギー源として重要である。何故なら，加水分解で得られる脂肪酸は後に述べる β-酸化経路（式 (6-2)）で多くのアセチル CoA を産生し，TCA サイクルに入って ATP を供給するからである。

これに対して不けん化性脂質とはエステル構造をもたない化合物である。テルペンやステロイドが主なものである。不けん化性脂質については 7 章で扱う。

6.1.2 様々な脂質とその構造

カルボン酸とグリセロールのエステルを単純脂質という。図 6-1 に示すように，カルボン酸としては炭素数 16 ～ 20 くらいのものが多い。炭素数が偶数であるが，後に述べる生合成反応経路（式 (6-2)）から必然的なことである。パルミチン酸やステアリン

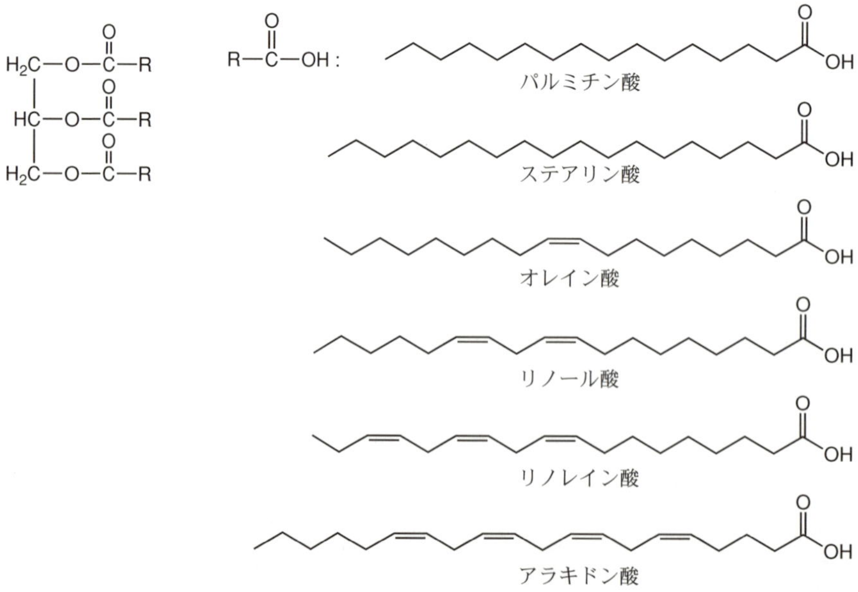

図 6-1　けん化性脂質（単純脂質）

酸のようにC−C結合がすべて飽和されているものと，オレイン酸，リノール酸，リノレイン酸、あるいはアラキドン酸のように不飽和結合を含むものがある。不飽和結合を含むものは一般に融点が低い。これらは主としてエネルギー源の貯蔵物質としての意味が大きい。アラキドン酸はヒトの重要なホルモンであるプロスタグランジン類の生合成の出発物質である。

単純脂質に対して，カルボン酸とアルコール以外の成分，すなわちリン酸や糖を構成成分として含む脂質は複合脂質とよばれる。これらは，生体膜の成分として重要な働きをしている。構造については図 6-2 に示した。。

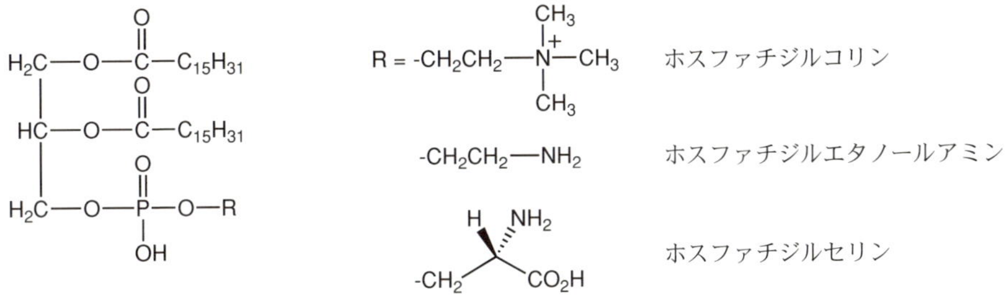

図 6-2　けん化性脂質（複合脂質）

6.2　脂質の生合成

好気的生物は，栄養として摂取した糖分を解糖系でピルビン酸とし，酸化的脱炭酸によってアセチル CoA を生成する。さらにアセチル CoA は TCA サイクルに入って二酸化炭素と水に分解され，その過程で生ずる還元型補酵素の酸化と共役して多くの ATP を生成する。ATP を生成するということは，エネルギー源を獲得することを意味する（このことに関する詳細は 8, 9 章で論ずる）。

しかし，必要以上に糖分を摂取した場合には，アセチル CoA を TCA サイクルにまわさずに，それから脂肪酸を合成して，トリグリセリドとして体内に蓄える。糖分だけ摂っていてもそれがエネルギーとして必要とされる以上の量であれば，体に脂肪がつくということである。

生合成経路は図 6-3 に示した。アセチル CoA はまずビオチンという補酵素の助けを借り，ATP を 1 モル消費して，マロニル CoA（**1**）に変化する。これによってα位がカルボニル基に挟まれたので，活性化され，容易に炭素陰イオン（カルバニオン）が生ずることができるようになる。マロニル CoA は酵素（acyl carrier protein）と結合することによって，チオールエステル部分が CoASH から，そのタンパク質のシステインの SH に変わる。反応場に固定されたというだけで，チオールエステルには変わりないので，反応性は変わらない。ここでα位の陰イオン（**2**）が生成すると考えて良い。図では反応として理解が容易になるように炭素陰イオンで表記した。しかし実際には炭素陰イオンそのものが発生するのではなく，エノール型あるいはわずかに解離したエ

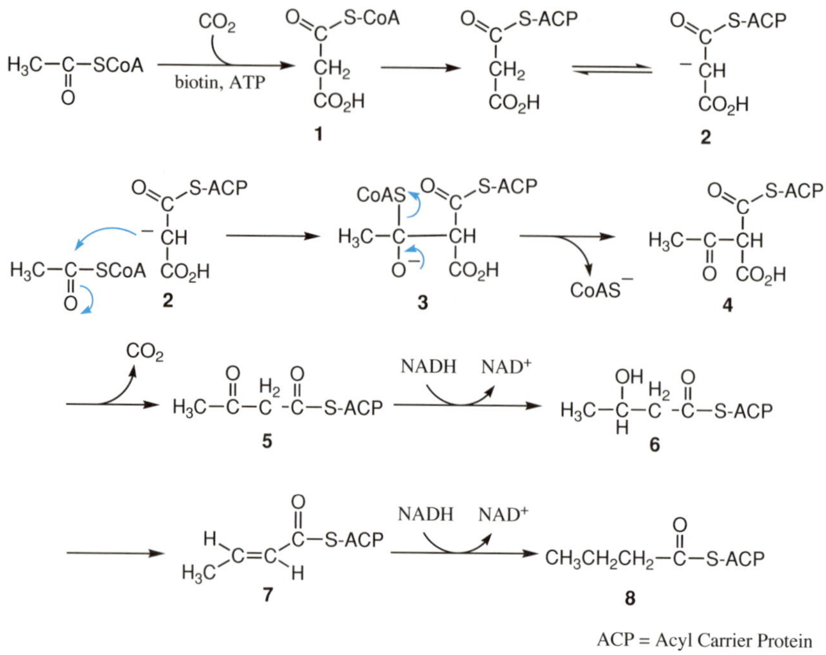

図 6-3　脂肪酸の生合成反応

ノラート陰イオンが活性種であろう。いずれにせよα位の炭素が電子リッチになり，反応性が増大するのである。すると，この炭素陰イオンはもう1分子のアセチルCoAのカルボニル基に求核攻撃して，C–C結合が生成する（**3**）。**3**のオキシアニオンから電子が戻るとき，補酵素Aがチオラートアニオンとして脱離すると**4**となる。**4**のカルボキシル基はβ位に2個もカルボニル基が存在するので，大変脱炭酸しやすい（1-2-5，式 (1-22) 参照）。脱炭酸すると**5**が生成する。**5**は還元されてヒドロキシ酸（**6**）となる。これはβ-ヒドロキシエステルなので容易にβ脱離を起こして（式 (1-19) 参照），α, β-不飽和エステル（**7**）となる。**7**のC–C二重結合が還元されて単結合になると，この化合物はブタン酸のチオールエステルである（**8**）。すなわち，2分子のアセチルCoAから炭素数4個のカルボン酸誘導体が生成したことになる。2 + 2 = 4ということである。ここで生成した**8**がCoASHとエステル交換反応した後，次に**2**と反応すれば，図に示したものと同じ経路をたどり，今度は4 + 2 = 6となり，炭素数6個のカルボン酸が生成する。このようにして，脂肪酸の生合成では炭素数が2個ずつ増加して行くので，p.78で述べたように，脂質には炭素数が偶数の脂肪酸が多いことは必然的なことなのである。また**7**の二重結合が還元されないまま次の増炭反応に進めば，不飽和脂肪酸が合成されることになる。

6.3 脂肪酸の代謝反応

　脂肪酸の代謝反応では，最初に1分子のATPを消費するが，その後はエネルギーを消費せずにアセチルCoAを生成する。ちょうど，アセチルCoAから脂肪酸を生合成する反応を逆にたどるような形で，次々とアセチルCoAを生成する（図6-4）。このアセチルCoAがTCAサイクルに入れば，12分子のATPを生成する（第9章参照）。炭素数が20のカルボン酸が出発物質ならATPの数は12の10倍となり120である。

　アセチルCoAと脂肪酸のエステル(**2**)は酸化されてα,β-不飽和エステル(**3**)となる。これに水がマイケル付加（式(1-18)参照）して，β-ヒドロキシエステル(**4**)が生ずる。これが酸化されて対応するケトエステル(**5**)となるともう1分子のCoASHが求核攻撃してC−C結合が切断し，もとの**1**に比べると炭素数が2個少ないカルボン酸のエステルと，アセチルCoAのエノラート(**8**)が生成する。後者はただちにプロトン化されてアセチルCoAとなり，前者は同じ経路でアセチルCoAを生成しつつ，次第に炭素数が2個少ないカルボン酸のエステルになっていく。このようにして，最初に1分子だけATPを消費すれば，脂肪酸は次々とアセチルCoAへと代謝分解されるのである。効率の良いエネルギー源にふさわしい化合物でである。

　第2章2節（p. 28）で「炭素をより還元された状態にするということは，化学結合のエネルギーを蓄えたことになる」と述べた。糖と比較すると，脂肪酸の方がより還元された状態になっていることは，その構造から理解できる。この点からも脂肪が「高エネルギー化合物」であることが納得できるであろう。

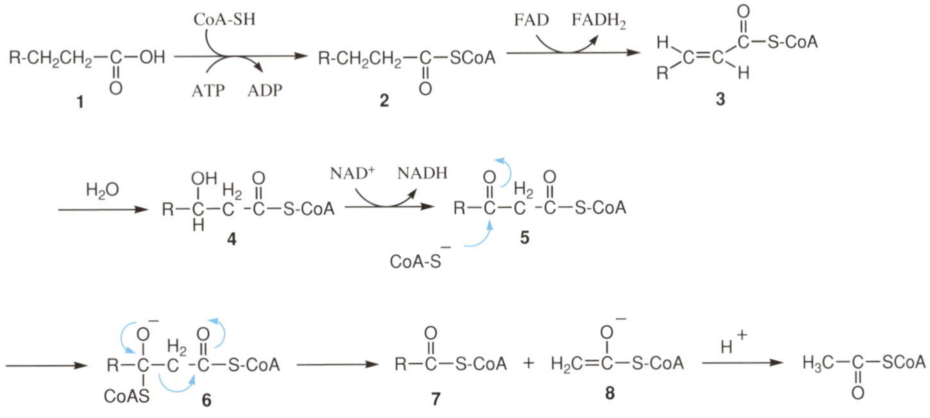

図6-4　脂肪酸の代謝反応

7 生理活性天然物

　生物に対して何らかの効果をおよぼす化合物を全部ひっくるめて生理活性物質あるいは生物活性物質とよぶ。抗菌剤，香料，甘味料等々，その作用も化合物の種類も非常に多い。本章ではそのうち，天然に存在する化合物に関して概観する。

　テルペンは炭素5個の化合物であるイソプレンを基本ユニットとして，それがいくつか結合した化合物である。したがって，炭素数は5の整数倍である。それらが酸化・還元され，また環化して，構造にバラエティーが生ずる。ステロイドは，炭素数30個の環状化合物が基本骨格で，テルペンの1種である。

　アルカロイドは主として植物によって生合成される塩基性化合物で，その塩基性はアミンの誘導体であることに由来している。窒素源になるものはアミノ酸で，どのアミノ酸が出発物質になっているかで分類される。

　ポリケチドは主としてアセチルCoAおよび少量のプロピオニルCoAが連結して生成する化合物群である。脂肪酸合成の中間体から変化した化合物をいうことができる。基本骨格としては1個おきにカルボニル基を有することになるが，実際には様々に変化している。

7.1 テルペン

7.1.1 テルペンとは

　テルペンとは，イソプレンという炭素数5個の化合物が head-to-tail で連結した構造を基本骨格として有する天然化合物である（式 (7-1)）。head-to-tail とは，鎖状の構造で化合物を表したとき，左右対称にはならない化合物が，その異なる末端同士で結合する様式をいう。基本となる化合物の炭素数が5個なので，テルペンには炭素数が5の整数倍のものが多い。テルペノイドあるいはイソプレノイドともいう。非常に多くの天然化合物が存在するが，特に植物由来の香気成分が多く知られている。

$$\text{イソプレン} \quad \text{イソプレン} \longrightarrow \text{モノテルペン} \tag{7-1}$$

　炭素数によってモノテルペン（炭素数10個），セスキテルペン（炭素数15個），ジテルペン（炭素数20個），トリテルペン（炭素数30個）などに分類する。

7.1.2 イソプレンの生合成

　テルペン生合成の出発物質であるイソプレンは，アセチル CoA から数段階の反応を経て図 7-1 に示されたスキームにしたがって生合成される。アセチル CoA のエノール体（平衡でわずかに存在すると考えて良い）がもう1分子のアセチル CoA のカルボニル基を求核的に攻撃して，C–C 結合を生成し，オキシアニオンがそれより安定な CoA のチオラートアニオンを蹴り出せばケト酸のチオールエステル (**1**) が生成する。これに対して，再びアセチル CoA のエノール体が，今度はケトンのカルボニル基の炭素を攻撃し，さらに一方のチオールエステルが加水分解すれば生成物は炭素6個の化合物 (**2**) である。残ったチオールエステル部分は還元されてアルコールとなり，得られる化合物は **3** である。

　次に炭素5個の化合物とするためには，炭素を1個減らさなければならない。炭素を減らすための最も一般的な反応はカルボン酸の脱炭酸反応である。この反応は，カルボキシル基からプロトンが抜けたカルボキシ陰イオンが生成して進行する。したがって，脱炭酸反応後最初に生成するものは炭素陰イオンということになる。これを安定化することが，反応を進行させる鍵となる。そのための準備が3級アルコールのリン酸化である。こうすると，脱炭酸してカルボキシル基の α 位であった炭素が陰イオンとなったとき，ただちにより安定なリン酸陰イオンが脱離して，C–C 二重結合を生成することができ，脱炭酸反応が進行しやすくなる。また，炭素5個の化合物になった後に C–C 結合を容易に生成することができるための準備として1級アルコールの方もピロリン酸エステルとしておく。2個の水酸基のリン酸化を同じ時期にやってしまうのは，別々に

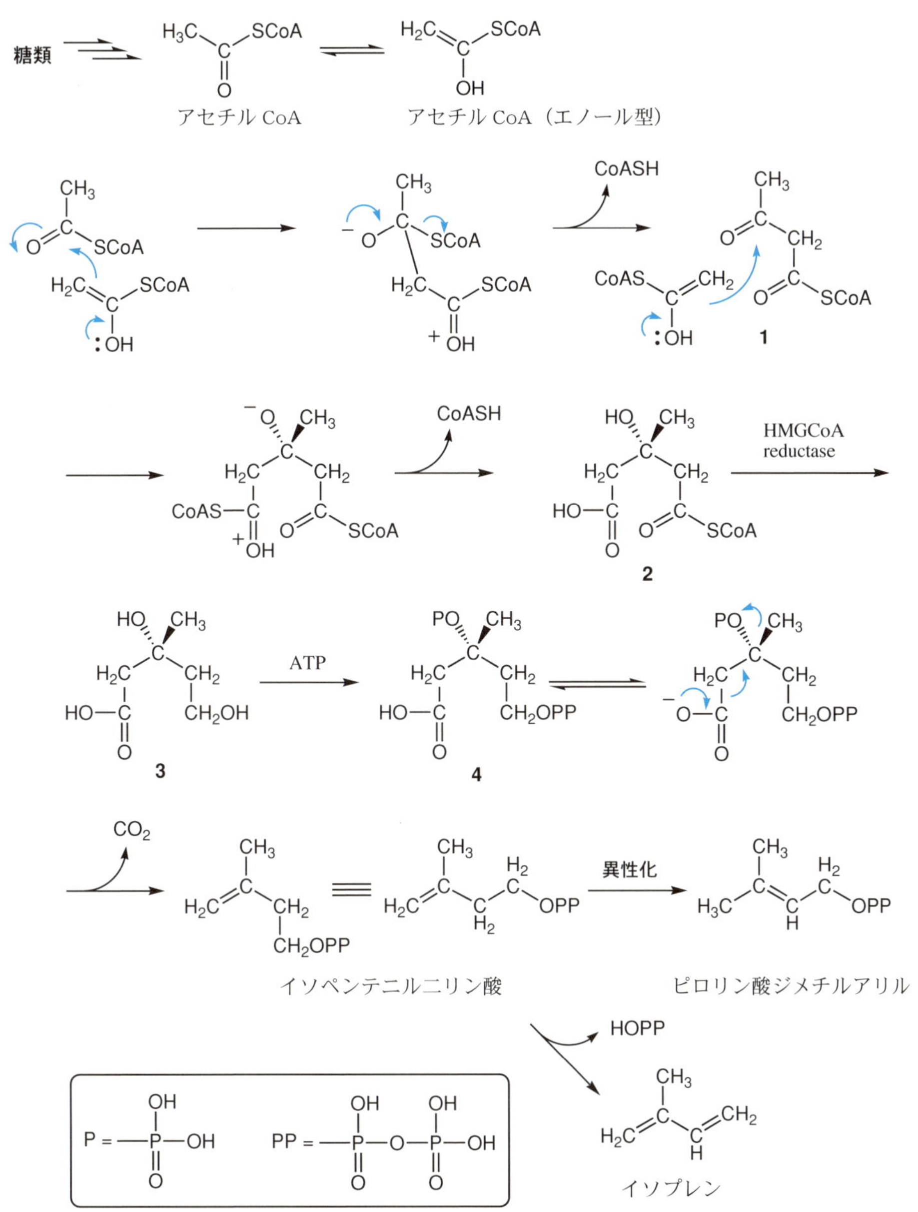

図 7-1 イソプレン誘導体の生合成

やるより効率の良い優れた方法であるといえる。このようにしてできるのが，化合物 **4** ということである。

　上記のデザインの通り反応が進行し，脱炭酸と同時に二重結合が生成して得られる化合物がイソペンテニル二リン酸である。この二重結合が異性化するとピロリン酸ジメチルアリルで，テルペン合成の出発物質がそろったことになる。

　イソペンテニル二リン酸からピロリン酸が脱離してさらに二重結合が 1 つ増えた化合

物はイソプレンとよばれる。この化合物が重合して高分子化したものが天然ゴムである。

　実際のC–C結合生成反応は，イソペンテニル二リン酸とピロリン酸ジメチルアリルの間で進行する。イソペンテニル二リン酸のアリル位（二重結合の隣接位）のプロトンが酵素の塩基性アミノ酸残基によって，引きつけられるとその結合電子が二重結合の方へ押し出され，不飽和結合の電子密度が大きくなる。そのπ電子がピロリン酸エステルの炭素を求核攻撃してS_N2反応が進行すれば，C–C結合が生成することになる（式(7-2)）。この際の求核剤はマイナス1価の陰イオンに比べれば大変反応性は低いものである。したがって，脱離するグループの脱離能は，非常に高いことが要求される。この要求を満たすために，水酸基そのものではなく，どうしてもリン酸化されていなければならないのである。水酸化物イオンよりピロリン酸陰イオンの方がはるかに安定で，脱離しやすいことはいうまでもない。上で述べた「C–C結合を容易に生成することができるための準備」の意味とは，このことである。

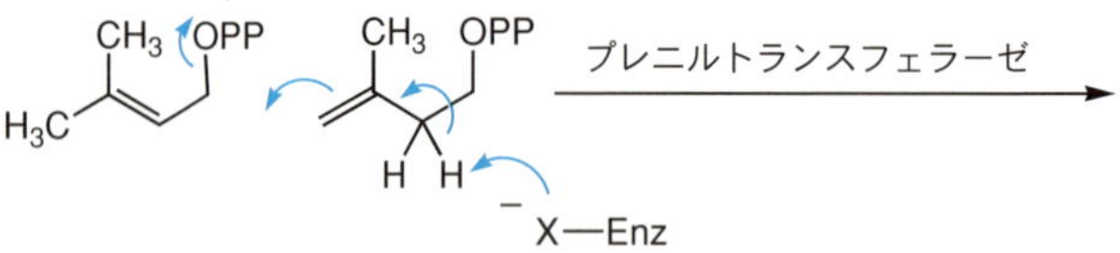

$$\text{(7-2)}$$

　C–C結合生成反応の結果得られた炭素10個の化合物の右端は反応基質である炭素5個の化合物のそれと同じ部分構造である。すなわち，次のC–C結合生成反応の準備がすでにできていることになる。生合成に関しては，むしろいくつか連結して目的の化合物となった時点できちんと反応を止めるかということの方が大事な問題である。

7.1.3　テルペン類の作用

　式(7-2)で生合成されたゲラニオールやファルネソール（図7-2参照）のピロリン酸エステルを基幹物質として，環化，C–C結合生成，酸化，還元，水和，脱水など様々

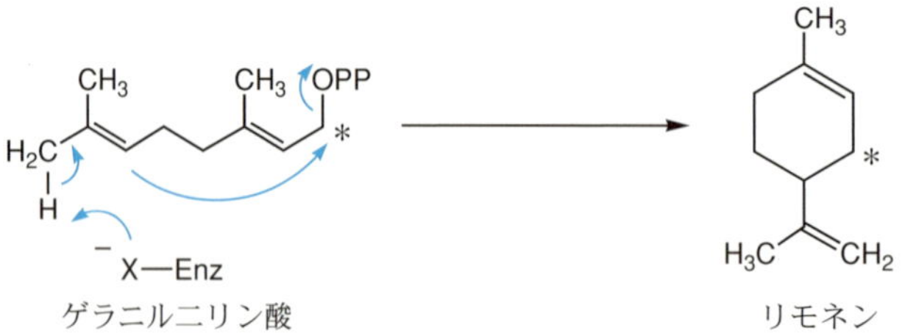

$$\text{(7-3)}$$

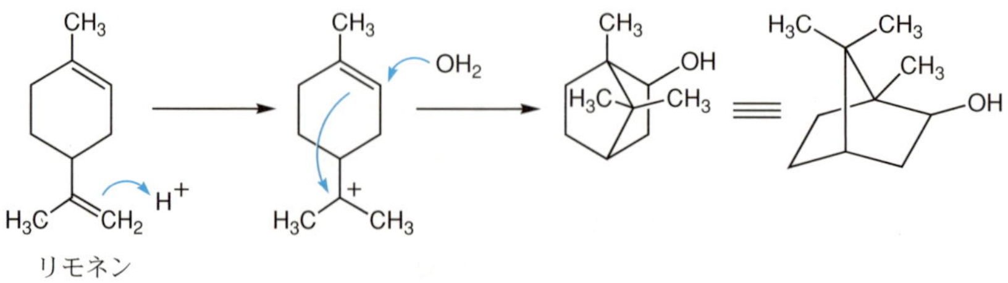

ゲラニル二リン酸　　　　　　　リモネン

$$\text{(7-4)}$$

リモネン

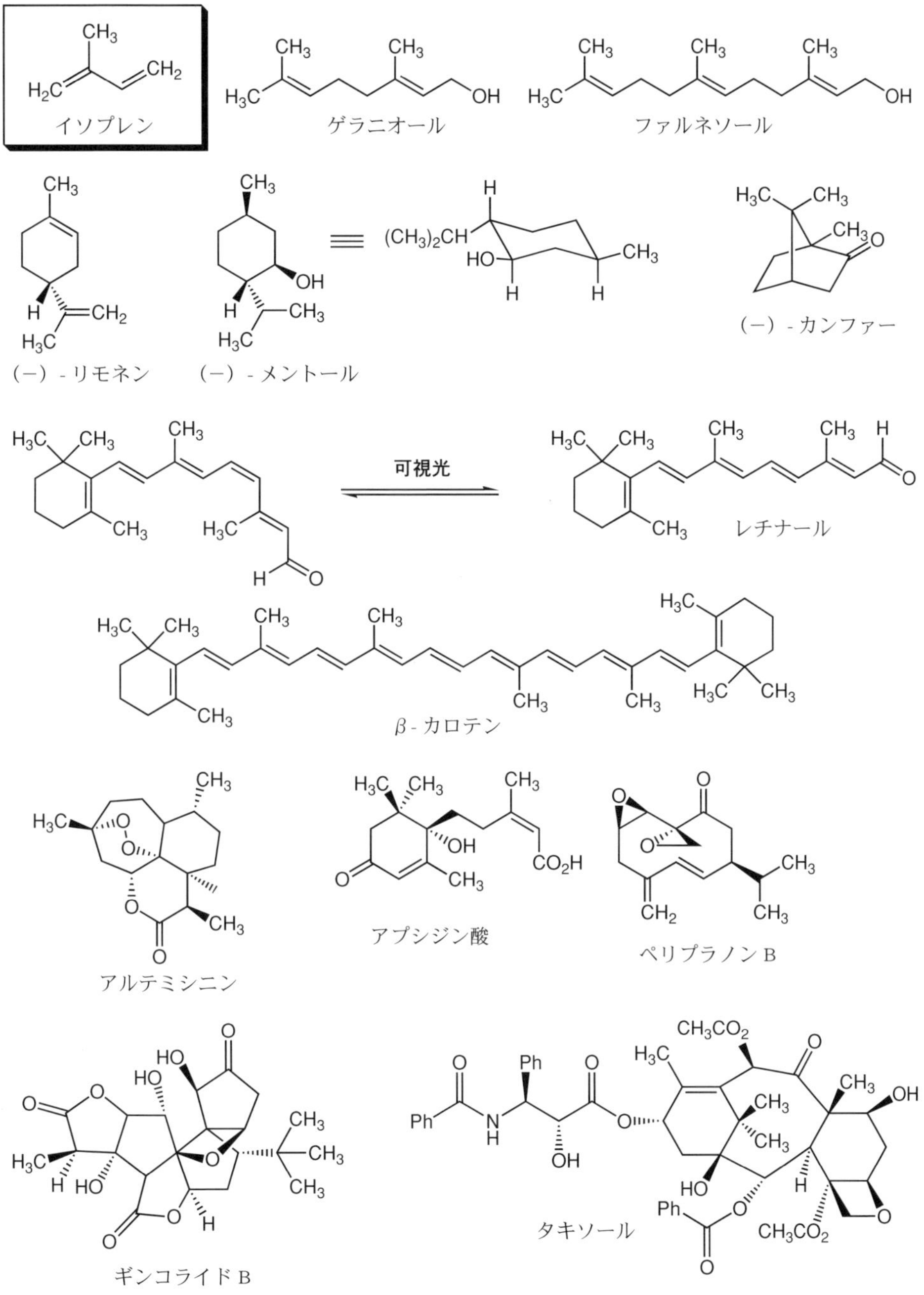

図 7-2 代表的なテルペン化合物

な反応を経て，数多くの天然化合物がいろいろな生物によって生合成されている。そのうちの代表的ないくつかを図 7-2 に示した。ゲラニオールのピロリン酸エステルが，最も生成しやすい 6 員環を形成してできる化合物（式（7-3））がリモネンである。この化

合物はレモンなどの果物に含まれている。同様の骨格を有する6員環のアルコールはメントールである。リモネンと比べると一方の二重結合は還元され，他方には水分子が付加した構造になっている。メントールはハッカの香気成分であり，ガムやキャンデーあるいは歯磨き粉などに入っているので，おなじみの化合物である。不斉炭素が3個あるので，8種類の立体異性体が存在し得るが，良い香りがするのは図に示した異性体だけである。式（7-4）に示すように，リモネンの側鎖の二重結合がプロトン化され，安定な3級炭素陽イオンを経由して環化し，水が付加するとビシクロ環のアルコールが生成する。これが酸化されてカルボニル基になった化合物がカンファーである。クスの成分で，日本語では樟脳とよばれている防虫剤，防臭剤としておなじみの化合物である。

　レチナールは炭素20個の化合物で，ジテルペンの1つである。ビタミンAという方がなじんでいる名前かもしれない。我々の目の網膜に存在し，タンパク質と錯体を形成している。光のエネルギーでシスの二重結合がトランスに異性化すると，分子全体の形が大きく変化するので，最早そのタンパク質と結合していることはできずに解離する。その刺激が神経を伝って脳に達すると視覚として認識される。詳細については 3-5（p. 45）で既に述べた。

　レチナールは β -カロテンから生合成される。β -カロテンは炭素40個のテルペンで，人参やカボチャなどの有色野菜に含まれる赤黄色の化合物である。中央の二重結合が酸化的に解裂してカルボニル基となればレチナールである。

　他にいくつか，より複雑な構造を有する生理活性物質を紹介しておきたい。アルテミシニンは漢方薬の一種で，マラリアの治療薬として有効である。アブシジン酸は植物ホルモンの1つで，成長抑制作用を有する。ペリプラノンBはアメリカゴキブリの性フェロモンである。メスが分泌する化合物で，オスを興奮させ，交尾を促す。このような化合物は極微量しか採取できない。そのため，正確な構造が決定されるまでに紆余曲折があった化合物としても有名な化合物である。フェロモンに関しては **7−5** で詳しく述べることとする。

　ギンコライトはその名前からの想像できるようにイチョウの木からとれる物質で，抗アレルギー作用がある。タキソールも複雑な構造を有する化合物であるが，図の左から6，8，6，そして酸素を含む4員環の基本骨格を見ると炭素数が20であることがわかるであろう。したがって，ジテルペンの一種である。最初はイチイの樹皮から単離され，強い抗がん作用を有することで注目を集めた化合物である。樹皮をとってしまってはその植物が枯れてしまうため，実用に供するためにはどうしても全合成が必要で，多くの研究者が効率的な合成法の開発を競った。現在では，類似の植物の葉から骨格部分にあたる化合物がとれることがわかり，その化合物からの半合成で製造され，皮膚がんなどの治療に供されている。

7.2 ステロイド

図 7-3 の化合物 **3** で表される 6 員環 3 個と 5 員環が縮環した骨格を有する化合物の総称である。微量で強い生理活性を示す化合物が多く，ホルモンとしても重要な作用を有している。ここでは，生合成と性ホルモンについて紹介したい。

7.2.1 ステロイドの生合成

生合成の出発物質は炭素 30 個のテルペンであるスクワレンで，この化合物は図 7-3 に示すように，ファルネシルピロリン酸の還元的二量化で生合成される。この化合物は二重結合を多く有する鎖状化合物であるが，ステロイドの生合成に関与する酵素の活性部位では反応経路の最初に描いたような形になっているものと推定される。一方の末端二重結合がモノオキシゲナーゼの触媒作用でエポキシ化される。続いて酵素によってプロトン化され，C−O 結合が切れると炭素陽イオン (**2**) となる。3 級のカチオンなので安定であり，その生成は温和な条件下でも十分起こりえる反応である。いったんカチオンが生成すると，空間的に近くに存在する π 電子がドミノ倒し的に移動して 4 個の C−C 結合を一気に生成して **3** となる。こうしてできたステロイド骨格を有する化合物がラノステロールである。大変見事な効率の良い環化反応である。ステロイド骨格の 4

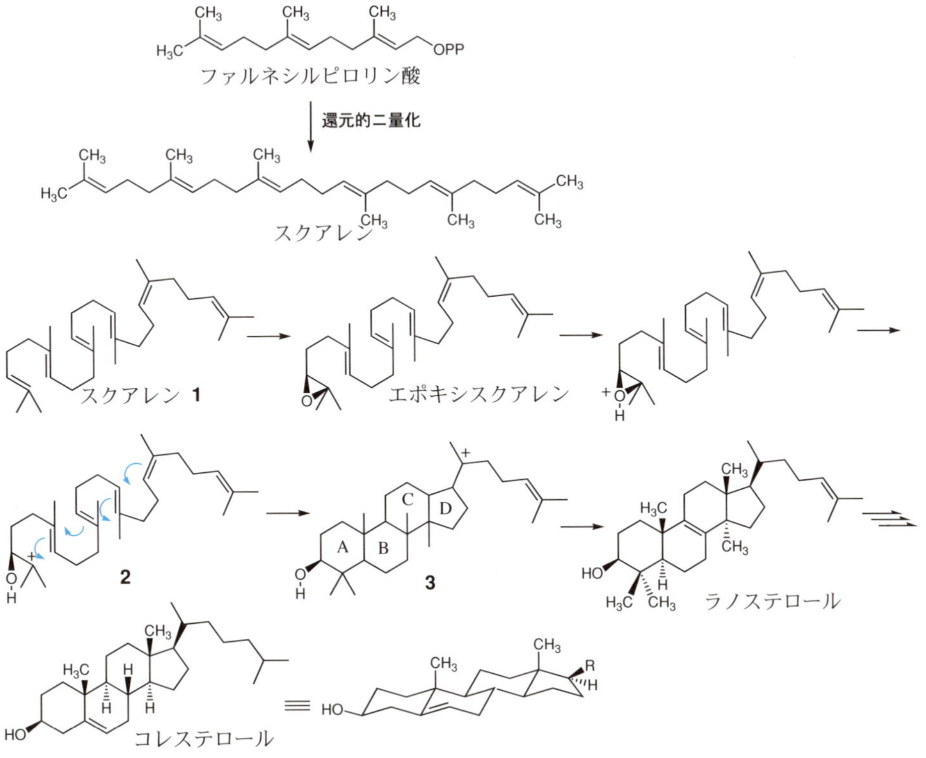

図 7-3 ステロイドの生合成

個の環は左から順にA，B，C，D環と呼ばれる。

　ラノステロールから数段階の反応を経てコレステロールが生成する。この化合物は量が多過ぎると脂質異常症の原因となる化合物であるが，同時に他のステロイドホルモン生合成の出発物質として重要な役割ももっている。

7.2.2　性ホルモンと内分泌かく乱性物質

　ヒトの性ホルモンとして知られている化合物の構造を図7-4の上に示した。女性ホルモンは生殖器の発育を促し，性的特徴保持を司ると同時に，妊娠の調節や維持にも重要な役割を果たしている。また，男性ホルモンは生殖器の発育や精子の形成を促し，外見的な男性的性徴の発現を司っている。

エステロン　　　エステラジオール　　アンドロステンジオン　　テストステロン
Esterone　　　　Esteradiol　　　　　Androstenedione　　　　Testosterone

女性ホルモン　　　　　　　　　　　　男性ホルモン

T_4CDD　　　ダイオキシン類　　　P_5CDF

dioxin

ジエチルスチルベステロール　　ビスフェノールA　　ノニルフェノール　　ポリクロロビフェニル(PCB)
（m, nは5以下の整数）

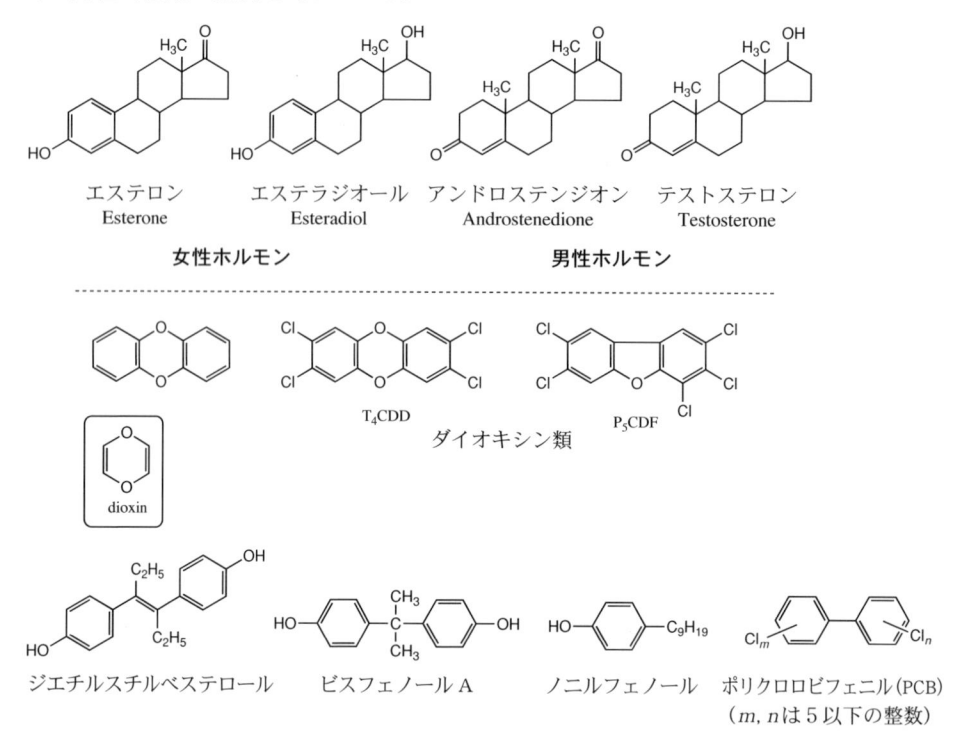

図7-4　性ホルモンと内分泌かく乱物質

　化学構造上，両ホルモンには顕著な違いがある。女性ホルモンはベンゼン環を有することが特徴である。そのため，同様にベンゼン環を有する化合物が女性ホルモン様作用を有するのではないかと疑われて，最近問題となっている。これらの疑いのある物質をまとめて内分泌かく乱物質あるいは簡単に環境ホルモンなどとよぶ。図7-4の点線より下に代表的化合物の構造を示した。これらの物質に共通する特徴として，構造に由来する必然的なことであるが，化学的に安定なことと親油性をあげることができる。この特徴のために，ヒトはじめ動物体内に摂り込まれると簡単には代謝分解されず，また水溶

性に乏しいため体外へも排泄され難い。したがって，食物連鎖の上位にいる生き物，すなわちヒトの体内に蓄積しやすい。ホルモンは元来極微量でもその作用を発揮する物質であるので，これらの外来物質の生理作用が本来のホルモンに比べて弱くても，濃度としては本物のホルモンより高くなり，生体への影響が無視できないレベルになる場合があると危惧されている。

　ダイオキシンとは酸素原子を2個含む不飽和の6員環化合物の正式名称である（正確にはジオキシンとすべきであるが）。この骨格にベンゼン環が縮環して塩素化されているのがいわゆるダイオキシンであり，実は混合物である。毒性の強いものもあれば弱いものもある。この化合物による環境汚染が，わが国でも一時大きなトピックになったが，心配されたほどの健康への影響はなく，現在ではこの騒ぎは沈静化しているようである。ジエチルスチルベステロールは女性ホルモン用薬剤として，過去のある時期には積極的に女性に投与されたが，いまでは使われていない。ビスフェノールAはコンパクトディスク（CD），サングラス，食器などをつくるのに使われるポリカーボネートというプラスチックの原料である。強力な洗剤で洗浄した場合や酸・高温の液体と接触させると，極く微量残存するモノマーのビスフェノールAが溶け出すことがある。それが体内に摂り込まれる恐れがあるとして問題になった。ノニルフェノールはプラスチックの可塑剤（柔軟性，伸展性，弾性などを増すために加える添加物）として使われている化合物である。ポリクロロビフェニル（PCB）はかつて熱媒体，トランス油，コンデンサーなどに使われたが，人体への毒性が強く，今では製造や使用が禁じられている化合物である。しかし，安定な化合物なので過去に環境に拡散したものが今でも分解せずに野生動物への悪影響が心配され，最近では女性ホルモン様作用も心配されている物質である。

　これらの化合物の生物への影響に関しては，単純には割り切れない面があり，複数の原因が相乗的に絡み合うこともあり得るので，因果関係がはっきりしているとは言い難い。しかし，悪影響の恐れがある場合には，できるだけ使用を避けるようにされている。

7.3　アルカロイド

　アルカロイドとは，アルカリ様の物質という意味で，実際には窒素を含む塩基性の天然化合物の総称である。「植物塩基」ともいわれる通り，植物によって生合成されるものが多いが，一部は微生物によっても合成される。窒素は生合成の出発物質となるアミノ酸に由来することが多く，どのアミノ酸が出発物質になっているかによって分類されることが多い。多くは環状の化合物である。

　少量で強力な生理活性を有する化合物も少なくなく，昔から医薬品，防虫剤，毒などとして利用されているものがある。

7.3.1 チロシン由来のアルカロイド

モルフィン（モルヒネ）は初めて結晶として単離されたアルカロイドである。ケシの実からとれるアヘンの主成分である。麻薬の一種で，厳しく取り締まられているが，鎮痛性が非常に強いため，末期がん患者の苦痛を和らげるためなど医薬品としても使われている。

モルフィンの生合成の出発物質は2分子のチロシンである。1つの分子は，補酵素の1つであるピリドキサルリン酸（ビタミン B_6）の作用で脱炭酸し，アミンとなる。他方の分子はやはりピリドキサルリン酸を補酵素とするアミノ基転移酵素の働きで，対応するケト酸となる。この両者が脱炭酸を伴って縮合すると多くのアルカロイドの生合成の共通の中間体である化合物 **1** が生成する（図7-5）。**1** からさらに，ベンゼン環とイミン部分の炭素で環化してレティキュリンという化合物が得られる。この化合物の (R) 体からさらに多くの化学変化の末，モルフィンが得られる。

胃や腸の健康に効果があるとされる黄檗（おうばく）とよばれる漢方薬がある。ミカン科植物の樹皮を乾燥させてつくる。ベルベリンはその漢方薬の主成分である。この化合物はレティキュリンの (S) 体が出発物質で，N-メチルが図の下側のベンゼン環の＊印の位置で環

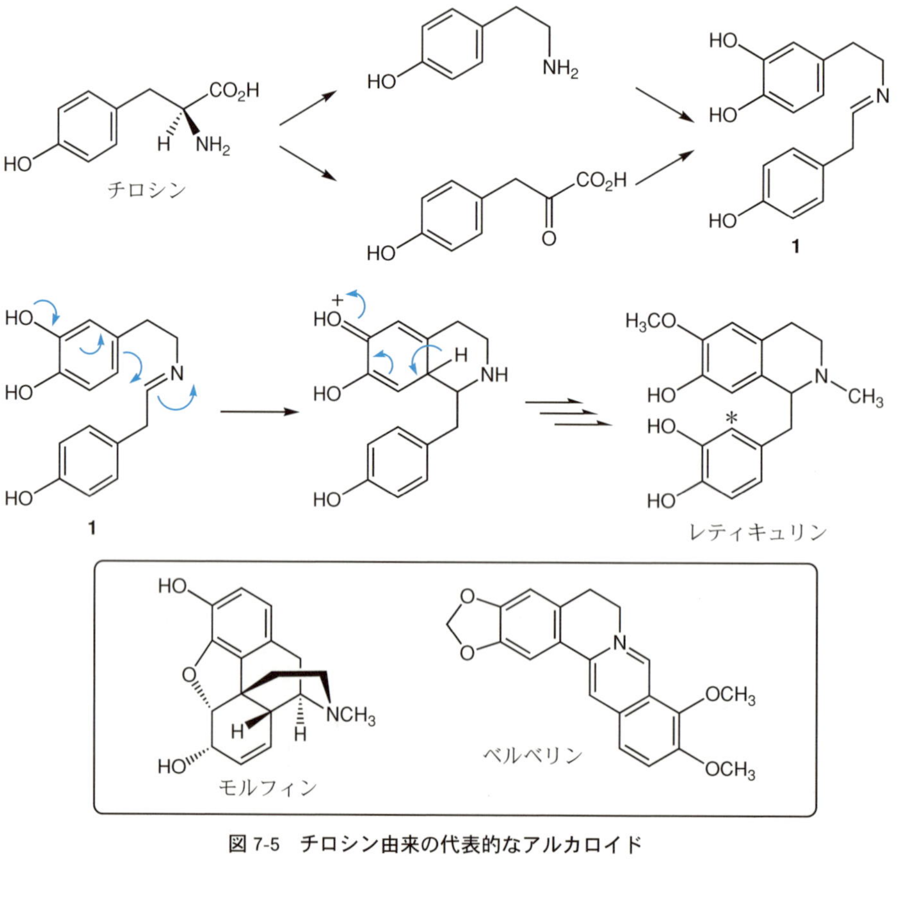

図7-5 チロシン由来の代表的なアルカロイド

化すれば，基本骨格ができる。

7.3.2 リジンあるいはオルニチン由来のアルカロイド

ザクロの皮は駆虫作用があるとして，生薬として利用される。その有効成分はペレチエリンとよばれるアルカロイドで，リジンとアセトアセチル CoA（図 7-6，化合物 **3**）から生合成される。まず，リジンがピリドキサルリン酸を補酵素とする脱炭酸酵素の作用で脱炭酸されるとイミン **1** が生成する。このイミンの炭素を他端のアミノ基が求核攻撃して環化すると化合物 **2** となる。この **2** をアセトアセチル CoA（**3**）が攻撃して，ピリドキサルアミンを追い出すとペレチエリンの基本骨格ができあがる。補酵素 A の部分が加水分解して脱炭酸すればペレチエリンである。

オルニチンはリジンと同様ω-位にアミノ基を有するアミノ酸であり，リジンより炭素数が 1 個少ない。したがって，リジンのときと同じような反応機構で環化すると窒素を含む 5 員環を有する化合物が得られる。代表的な化合物にコカインがある。コカの葉からとれる化合物で，局所麻酔作用がある。そのため，古くは外科手術に利用された。しかし，慢性中毒を起こしやすいため，現在は麻薬に指定され，使われていない。

オルニチンがリジンのときと同様に酵素の作用で脱炭酸されるとアミンが生成する。

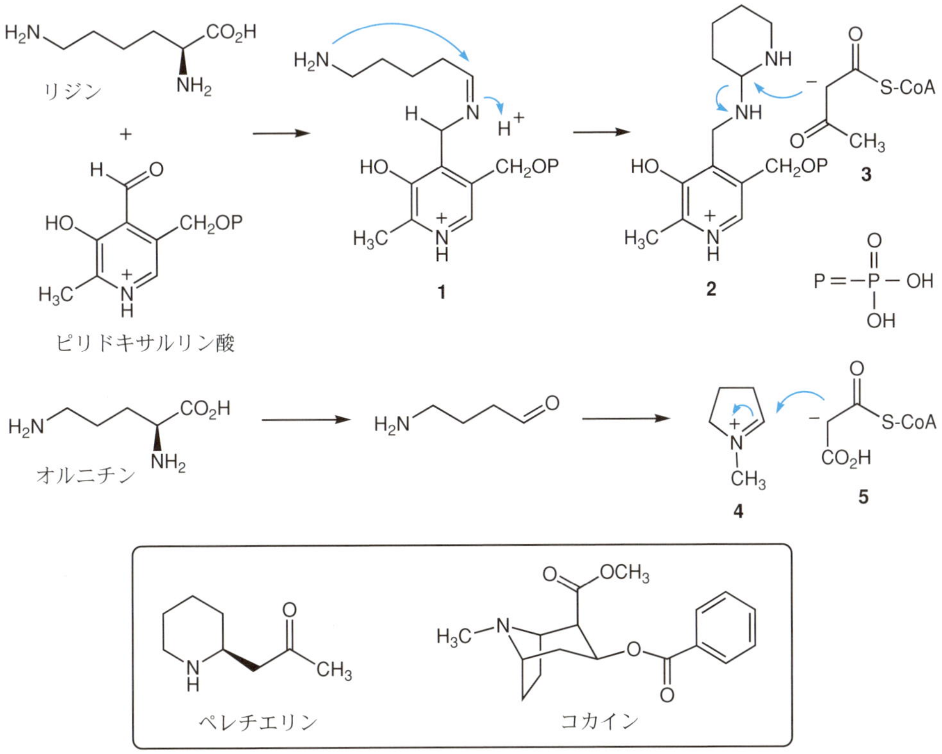

図 7-6 リジン，オルニチン由来の代表的なアルカロイド

それが対応するアルデヒドに酸化され，ω-位のアミノ基と環化し，さらにメチル化された化合物が炭素陽イオン等価体 **4** である。**4** にマロニル CoA の炭素陰イオンが結合すると酢酸ユニットが導入されたことになる。さらに何段階か経て，最後にベンゾイル化された化合物がコカインである。

7.3.3 トリプトファン由来のアルカロイド

トリプトファンもアルカロイド化合物の出発物質となる。この場合にはインドール骨格が残っている化合物とそうではない化合物の両方が知られている。最初はインドール骨格が保存されている例を紹介する。

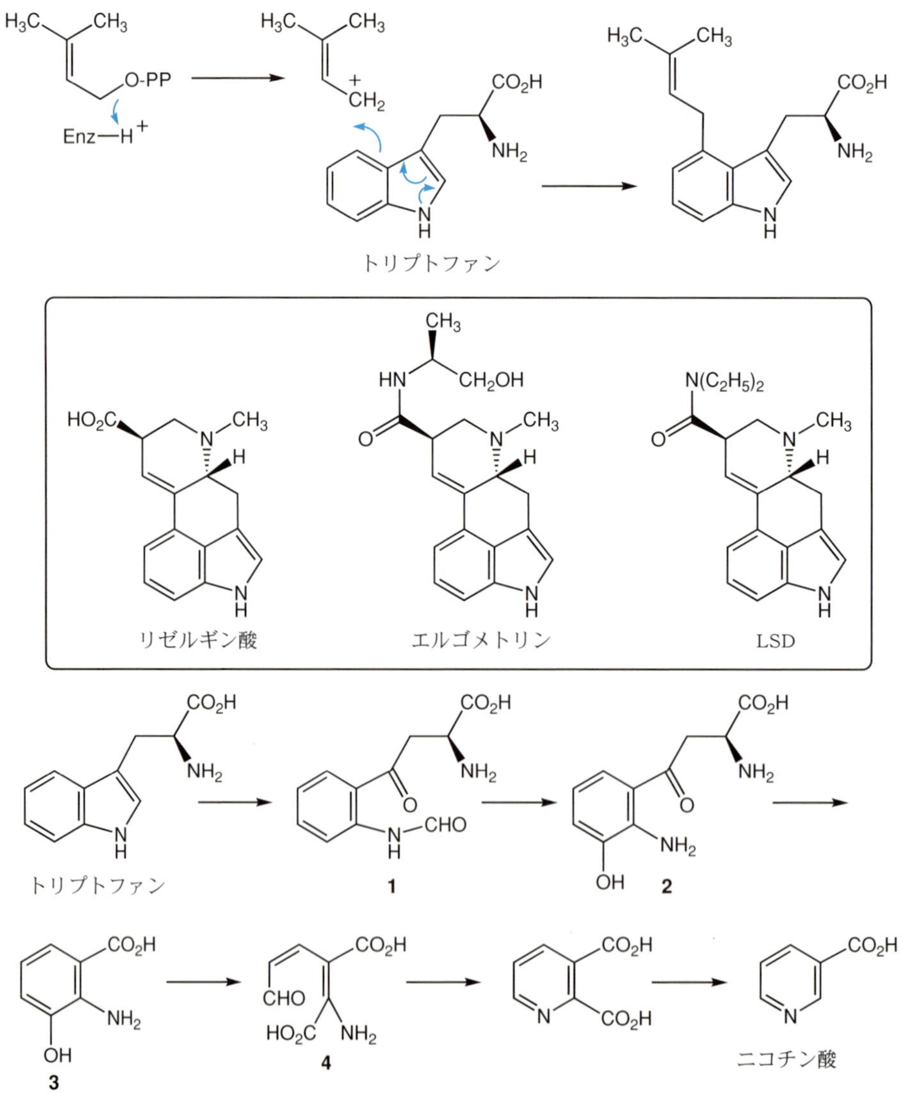

図 7-7　トリプトファン由来の代表的なアルカロイド

麦にある種のカビが寄生すると，麦角が形成される。麦の穂に角が生えたように見えるのでこの名がある。この中に麦角アルカロイドとよばれるアルカロイド化合物が含まれ，これらは人の血液の循環を妨げる好ましくない活性を有する。これらのアルカロイドはリゼルギン酸とよばれる共通の基本骨格からなり，これはアミノ酸に由来する化合物が修飾された構造を有する。

リゼルギン酸の出発物質は，図 7-7 に示すように，トリプトファンとテルペン合成の原料であるジメチルアリルピロリン酸である。アリル型カチオンが，ベンゼン環とNからの電子の押し出しで活性化されている位置でC−C結合を形成するのが鍵反応となり，その後の変換反応を経てリゼルギン酸となる。この化合物とアラニンが還元されて生成するアミノプロパノールがアミド結合を形成すると麦角アルカロイドの1つであるエルゴメトリンが生成する。

リゼルギン酸のジエチルアミドがLSDとよばれる化合物である。強い幻覚作用で社会問題となり，現在は使用が禁止されている。

7.4　ポリケチド

ポリケチドとは，ポリケトン由来の化合物という意味の言葉である。実際にはアセチル基がいくつも連なった基本骨格の化合物が，様々に変化したものである。アルドール反応によるC−C結合の生成，水和したカルボニル基と別のカルボニル基との間のアセタールの生成，水酸基間での脱水反応によるエーテル結合の生成，さらには酸化・還元反応による変換も含まれるので，このカテゴリーに分類される化合物の構造はバラエティーに富む。ときには炭素3個のプロピオニル基由来のユニットも骨格に取り込まれるのでポリケチドの構造はより多様になる。

7.4.1　ポリケチドの生合成

生合成の基本を図 7-8 に示した。最初のステップが酢酸のチオールエステルとマロン酸のチオールエステルのClaisen型の縮合（**2** → **3** → **4**）とそれに続く脱炭酸反応（**4** → **5**）であることは，脂肪酸の生合成（図 6-3）と同じである。脂肪酸合成では，**5**は還元されてヒドロキシ酸誘導体へと変化するのに対し，ポリケチドの合成へ向かうルートでは，**5**に再びマロン酸のチオールエステルが反応してジケトエステル誘導体（**7**）へ変化する。マロニン酸の炭素陰イオンとなっていた炭素は**7**のチオエステルのα位の炭素となっている。同様の反応を繰り返せば，カルボニル基とメチレン基が1個おきにある化合物が生成することが理解できる。酢酸ユニットの代わりにプロピオン酸が使われれば，メチレン基の水素が1個メチル基に置換されることになる。

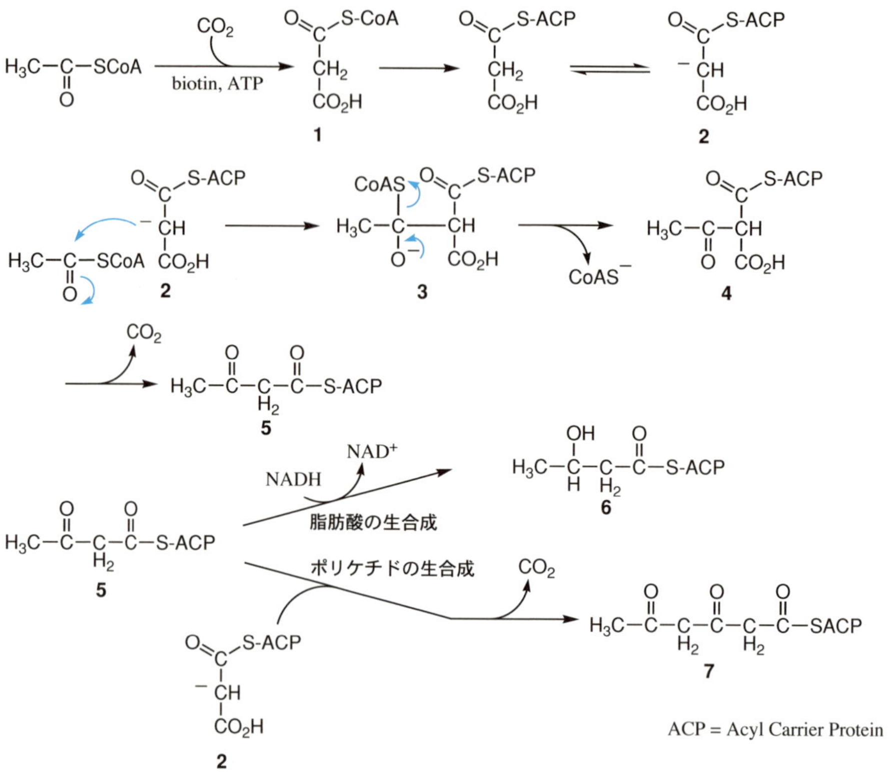

図7-8 脂肪酸の生合成反応とポリケチドの生合成反応

7.4.2 ポリケチドの炭素骨格の変換

　ポリケチドは，酢酸あるいはプロピオン酸（酢酸に比べれば少ない）のユニットが脱水縮合した炭素骨格を有する化合物群であるが，その基本骨格はいくつかの反応により様々に変化する。以下にその例を紹介しよう（図7-9）。
　メチルサリチル酸の構造を見て酢酸ユニット4個から成る化合物であると見破るのは至難の業であろう。しかし，順を追って生成過程を見て行くと特に難しい反応が含まれているわけではない。化合物 **1** が酢酸3分子からできることは容易に理解できる（ACPとは前にも説明したが，acyl career protein の略で，縮合を触媒する酵素である。その酵素の活性部位にあるシステイン残基にアシル基が結合している）。カルボニル基1個が還元されて，水分子が脱離すれば二重結合となるので，**1** から **2** への変換も簡単な反応である。脱水反応の際に抜けるプロトンはカルボニル基のα位からであるから非常に抜けやすいプロトンである（式（1-19）参照）。この段階でもう1個の酢酸ユニットがマロニル CoA との反応で導入されて **3** となる。カルボニル基に挟まれた活性メチレンからプロトンが抜け，生じたカルバニオンが向かい側のカルボニル基の炭素を求核攻撃して6員環を形成する反応はアルドール反応であり，生体内でも有機化学的にもおなじみの反応である。**4** からもう1分子水が脱離し（この反応でも抜けるプロトンは活性

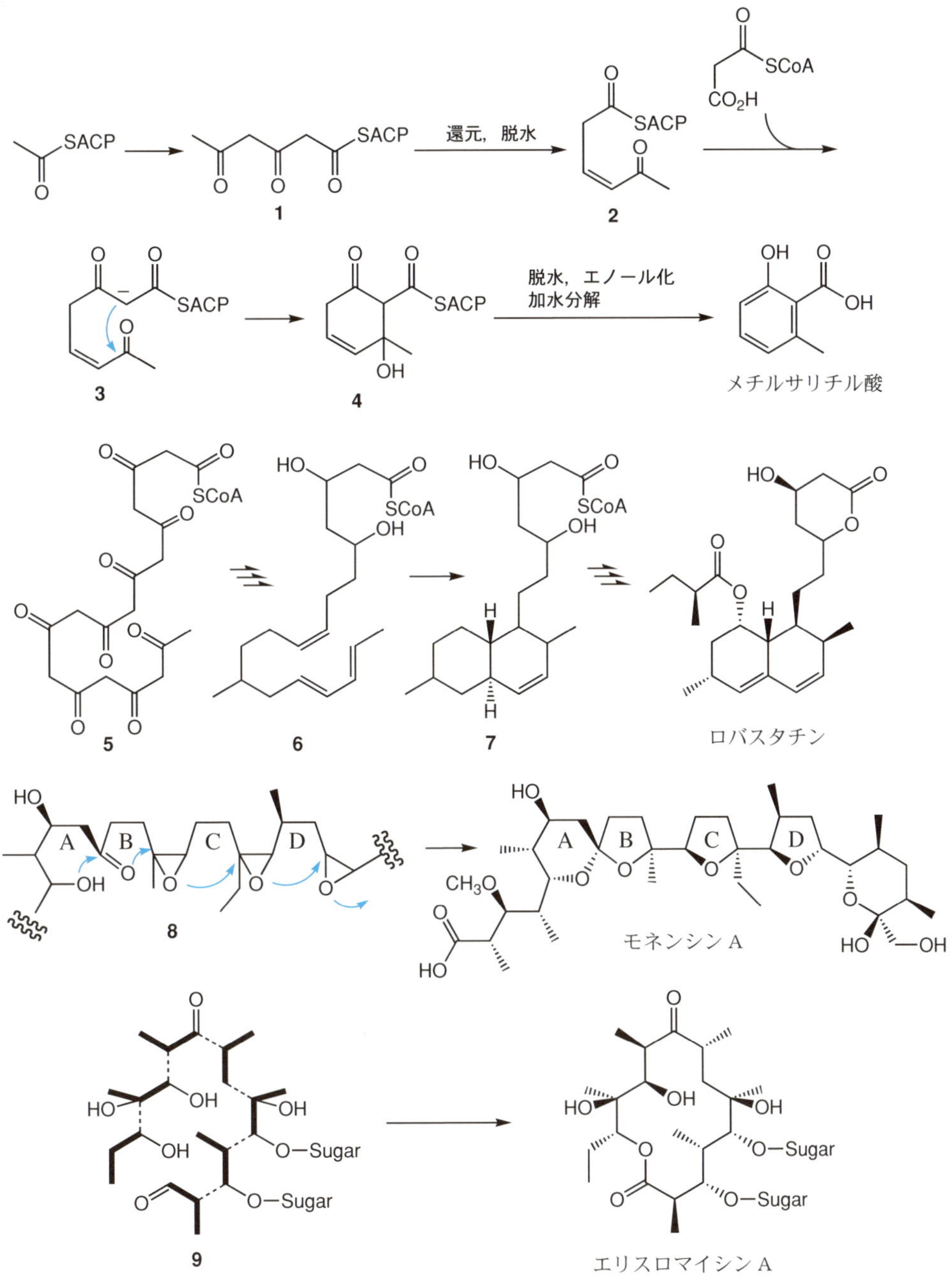

図7-9 ポリケチドの生合成反応

メチレンのプロトンで，容易に脱離し得る），残ったカルボニル基がエノール型に異性化すれば（式（1-20）参照），ベンゼン環ができあがる。

環化反応はアルドール反応だけでない。面白い例としてディールス - アルダー（Diels-Alder）反応がある。化合物 **5** がポリケチドであることは一目でわかる。この化合物か

ら，活性メチレンのメチル化（**1-2-7**，スルホニウム塩の安定性，式（1-29）参照），カルボニル基の水酸基への還元，脱水反応による二重結合の生成，その二重結合の水素化による飽和結合への変換などを経て化合物 **6** となる。**6** は共役ジエンと二重結合を含む化合物で，このような化合物では 4 + 2 → 6 という反応で 6 員環を形成しやすい。これがディールス - アルダー反応である。この化合物でも，酵素の作用により両者が反応しやすい空間的位置を占めることができれば容易に反応が進行すると考えられる。新たに生ずる不斉炭素の立体配置も酵素によって規制されて，生成物は化合物 **7** である。その後，アルコールとカルボキシル基の間でのラクトンの形成による環化も含めて，何段階かの変換反応でロバスタチンが生成する。この化合物は，テルペン合成の鍵段階であるヒドロキシメチルグルタリル CoA の還元（図 7-1，**2 → 3**）を触媒する酵素の阻害剤として発見された。この化合物が元になってプラバスタチンやコンパクチンというコレステロールの生合成阻害剤として働く医薬品が製造されるようになった（図 4-5）。

　エーテル結合を多く有するポリエーテルという化合物群がある。こられもポリケチドの仲間である。代表的なものに微生物によって生産される抗生物質であるモネンシン A がある。この前駆体の環化反応に関する部分構造を示すと **8** である。出発物質であるポリケトンから化合物 **6** の場合と同じように還元，脱水，水素化に加えて，二重結合のエポキシ化によって導かれる。この化合物の水酸基の酸素がカルボニル基の炭素に求核攻撃することから一気にA，B，C，Dの 4 個の環が形成される。水酸基のカルボニル基への求核攻撃で生成するオキシアニオンがエポキシ環を S_N2 型の反応で開くと，再びオキシアニオンが生成し，これが次のエポキシ環を攻撃するといったドミノ型反応となる。D 環を巻いた後のオキシアニオンは，図には表されていないが，カルボニル基との反応でヘミアセタールを形成して反応は完結する。

　最後のエリスロマイシンAは大環状のラクトンで，このような基本骨格を有する化合物は他にも知られている。これらは，その構造的特徴からマクロライド抗生物質とよばれる。

　以上述べたように，いずれの化合物も多段階の反応を経て生合成されるのであるが，1 つ 1 つの中間体が単離されるわけではない。生物種に依存する違いはあるが，1 本のペプチド鎖に多段階の反応を触媒する機能が備わっている場合もあるし，必要な遺伝子がクラスターを形成している場合もある。

7.5　ホルモンとフェロモン

　ホルモンは体内に分泌される物質で，標的器官に達して，何らかの生理的作用をおよぼす。これに対して，フェロモンとは一般に，ある個体が体外に分泌し，同種の個体に対して何らかの情報を提供する化合物のことである。

7.5.1 動物ホルモン

動物ホルモンは大きく3種類に分けることができる。ステロイドホルモン，アミン系ホルモンそしてペプチドホルモンである。

(1) ステロイドホルモン

ステロイド骨格を有するホルモンで，電解質コルチコイド，糖質コルチコイド，性ホルモンの3種類がある。

電解質コルチコイドは体内の Na^+ や Cl^- の貯留および K^+ と H^+ の排出を促進する。アルドステロンが代表的化合物で，副腎皮質でコレステロールを出発物質として生合成される。

糖質コルチコイドは糖質，タンパク質，脂肪などの代謝をコントロールする役割がある。代表的なものはコルチゾールで，タンパク質に作用して糖の新生やタンパク質のアミノ酸への分解を促す。一方，抗炎症作用が顕著で，リウマチ性関節炎の特効薬として用いられた。現在ではより活性の強い誘導体が実用に供されている。

性ホルモンについてはすでに **7.2.2** で述べた。

(2) アミン系ホルモン

この一群に属するホルモンの多くは，神経伝達に関与するものである。アミノ酸から生合成されるものが多い（図 7-10）。

ドーパミン，ノルアドレナリン（別名：ノルエピネフィリン，「ノル」とは，炭素が

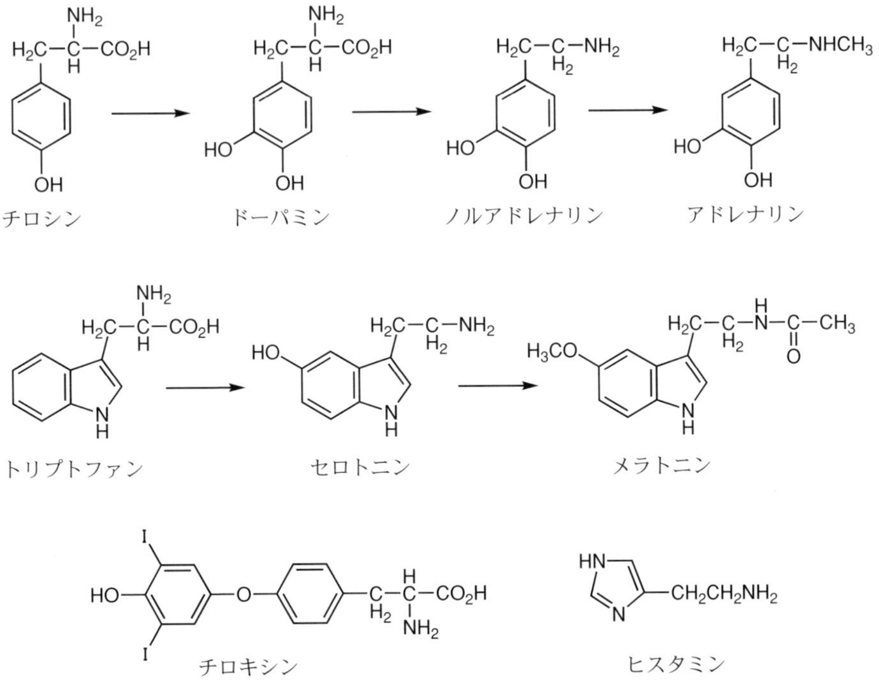

図 7-10 アミン系ホルモン

1個少ないという意味である，逆に「ホモ」なら1個多いという意味），アドレナリン（別名：エピネフィリン）はチロシンの水酸化を経て合成される。構造は類似しているが，面白いことに作用は正反対である。いずれも脳神経に働く物質であるが，ドーパミンが作用すると快感や歓びの感情が刺激される。ノルアドレナリンは，血管収斂作用が強く，血圧を上昇させる怒りや覚醒に関与するホルモンである。アドレナリンには2種類のレセプターがあり，血管収斂，心拍数の増大，気管の拡張などをもたらす。恐怖の感情に関与するホルモンである。

セロトニン，メラトニンはトリプトファンから合成される。脳内に分布し，睡眠覚醒，体温などの自律機能の調整を行なっている。また，気分のコントロールにも関与し，これが不足するとうつ病になることが知られている。

チロキシンは甲状腺で合成されるホルモンで，非極性物質なので細胞膜を透過することが可能で，種々の酵素の生成を活性化する。このホルモンが不足すると，甲状腺肥大を引き起こす。

ヒスタミンが放出されると花粉症のようなアレルギーを引き起こす。また，虫に刺されたときに感じるかゆみもヒスタミンの分泌が原因である。このホルモンのレセプターをブロックする化合物が抗ヒスタミン剤である。ホルモン作用とは関係ないが，動物の腐敗によってもこの化合物は生成する。したがって，ヒスタミンを定量することによって魚肉などの鮮度を測ることができる。

(3) ペプチド系ホルモン

アミノ酸の数が数個のものから数百のものまで多様なホルモンがあり，その作用も様々である。いくつかの例を図7-11に示した。バソプレシンとオキシトシンは類似した構造であるが，働きはまるで違う。バソプレシンは抗利尿作用ホルモンである。一方オキシトシンは，妊娠中の女性の胸にある受容体に結合して母乳の生産を開始させ，また子宮の受容体との相互作用で出産のために平滑筋を収斂させる。

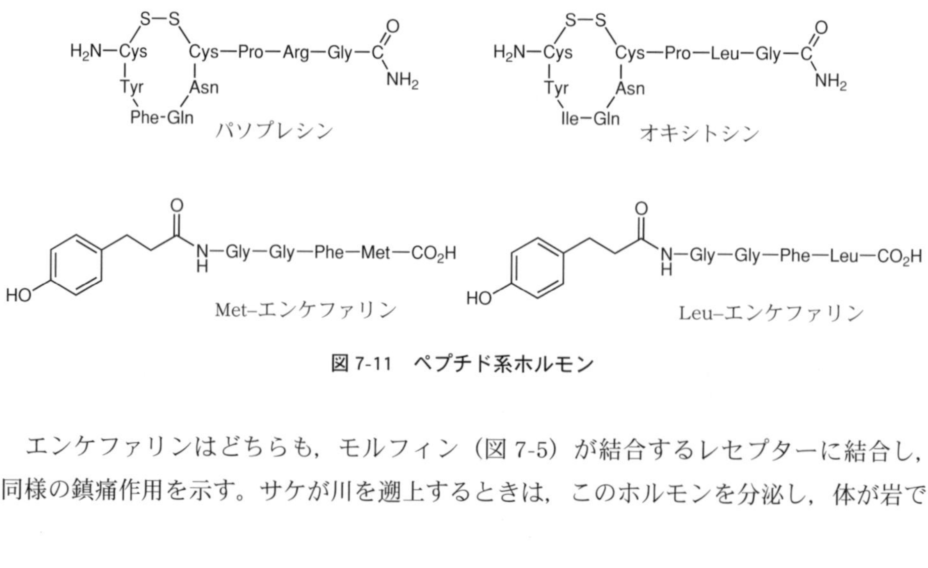

図7-11 ペプチド系ホルモン

エンケファリンはどちらも，モルフィン（図7-5）が結合するレセプターに結合し，同様の鎮痛作用を示す。サケが川を遡上するときは，このホルモンを分泌し，体が岩で

傷つく痛みに耐えることが知られている。

7.5.2 植物ホルモン

植物も多くのホルモンを有することが知られている。しかし，動物の場合とはそのシステムは大分異なる。動物の場合には，特定の器官で生合成されて，標的器官まで血流に乗って運搬されて作用を発揮する。しかし，植物の場合には，血流のような適当な運搬手段はない。したがって，動物の場合とはシステムが異なり，ホルモンは特定の器官で合成されるわけでない。また特定の標的器官が決まっているというわけでもない。いくつかの物質が複合的に作用して効果を発揮することもあり，植物の生長や成熟，生理作用に関する多くの効果を有する。例えば，組織の伸長，肥大，細胞分裂，発根，発芽，開花，葉の開閉等々，その働きは極めて複雑である。代表的な植物ホルモンを図7-12に示した。

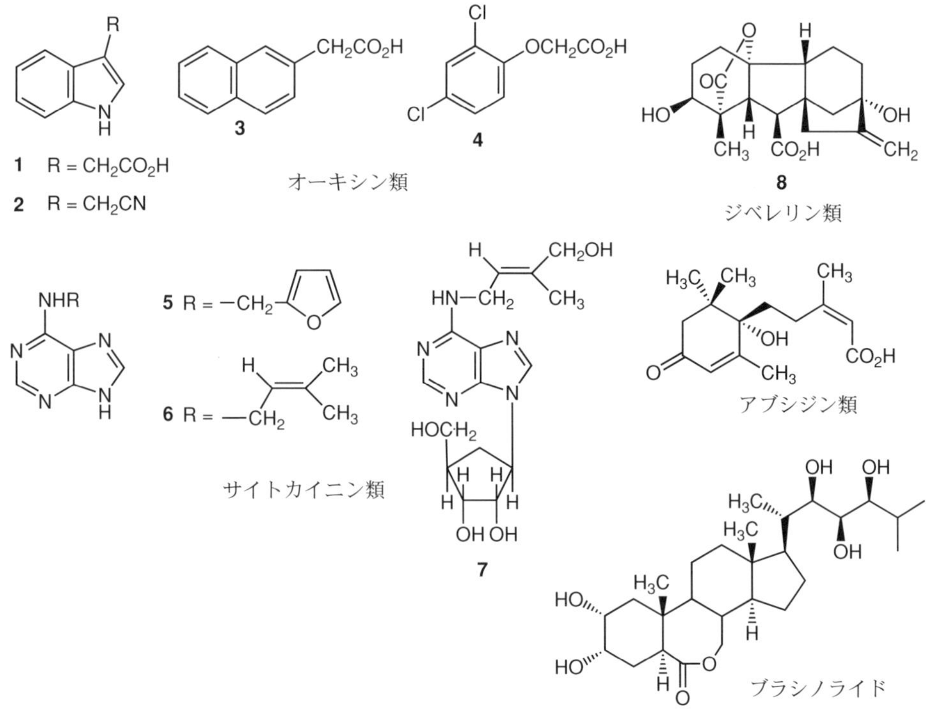

図 7-12　植物ホルモン

オーキシン類は最初に発見された植物ホルモンである。植物が光の方向へ曲がる現象の分子論的研究の中で見いだされたもので，作用としてはその現象に関連して，成長，屈性などに効果をおよぼす。また，落葉する際には，葉と植物体の間にある種の層が形成されるが，その形成にも関わっている。インドール酢酸 (**1**)，および対応するニトリル (**2**)，ナフタレン酢酸 (**3**)，ジクロロフェノキシ酢酸 (**4**) などもホルモンとして

知られている。

　サイトカイニン類は，アデニンの6位に置換基を有する化合物（図7-12，**5, 6**）あるいはアデノシンの6位に置換基を有する化合物（図7-12，**7**）である。気孔の開閉，葉緑体の維持，あるいは細胞分裂の促進などの作用のあることが明らかとなっている。アデニン骨格は，DNAの塩基，酸化還元補酵素，ATP，補酵素Aなどの部分構造としても含まれ，生物にとって他とは比較できない程重要な意味を有する「部品」であることがわかる。

　ジベレリン類（図7-12，**8**）は，70種類以上もの類似骨格を有する化合物が様々な植物から単離されている。主として植物の生長を促すホルモンである。イネの馬鹿苗病菌から単離されたので，その菌の名にちなんでこの名前がついているが，その後成長が早いことが際立つタケノコからも単離され，生理作用が明らかとなっていった。植物の伸長の他に，花芽形成，発芽促進などの作用もあることが知られている。面白いことに，ブドウを成長のある時期にこのホルモンで処理すると，種無しブドウができる。

　アブシジン酸は，セスキテルペンの一種である。これまで述べてきた成長促進ホルモンとは反対の効果を有するホルモンである。成長ホルモン抑制作用の他に，休眠，落果，落葉などに関与している。

　ブラシノライドは，アブラナの花粉から単離されたステロイド骨格を有するホルモンである。成長促進物質であり，外界からのストレスを解消する働きがあることも確かめられている。

　最後に，エチレンという非常に簡単な物質にも植物ホルモンとしての作用があることは意外なことである。生合成経路は式(7-6)に示した通り，メチオニンが出発物質となっている。果実の成熟期にエチレンが他の時期より多く存在することがわかっている。果実の成熟を促す様々な酵素の活性を向上させるものと考えられている。実用的にも，産地から消費地に運ぶ途中で果物をエチレンで処理して適度に成熟させ，より商品価値を高めるのに利用されている。

$$\text{(7-6)}$$

7.5.3　フェロモン

　ホルモンは動物のものにしろ植物のものにしろ，自分の体内で生合成し，自分の体内で効果を発揮する物質である。これに対して，フェロモンは，同種の他の個体に働きかける物質である。いわば，同種間の情報伝達を担う物質であり，したがって生殖，食物関連の行動など，種の保存に重要な鍵となる行動に関係するものが多い。他の個体は必ずしも接触し得る至近距離にいるとは限らないので，それらに効果をおよぼす物質であるためには発生する個体から拡散して行かなければならない。したがって，フェロモン

は多くの場合，常温で気体である。

　集合フェロモンは仲間を呼び集めたいときに分泌されるフェロモンである。例えば，大量の食物などを見つけたときに分泌される。他の仲間は，この物質の濃度が濃い方へ移動して行けば，確実に食物を得ることができることになる。実際に首尾よく餌にありつけた個体がまたこのフェロモンを分泌すれば，フェロモンの濃度が増加することになり，より遠くにいる仲間にも情報を伝達することができることになる。似て非なるフェロモンが，アリの道しるべフェロモンである。餌を求めて動き回っていたアリが，幸運にも大きな餌を発見し，巣に戻るときこのフェロモンを分泌する。近くにいた仲間のアリがそれを認識できれば，餌の方向へ迷わず近づくことができる。そのアリも帰り道で，このフェロモンを分泌するので濃度は濃くなり，次第に遠くをウロウロしていたアリも餌と巣の直線上に集まって来るという仕掛けである。生物の世界はなかなかうまくできていることに感心する。

　性フェロモンは大抵の場合メスが分泌する。すると，これを認識したオスが興奮し，交尾を行なう。こうすることにより必ず同種の雌雄の間で交尾が行なわれ，種を保存することができるのである。

　警戒フェロモンは，自らを捕食するものや天敵が襲来したことに気が付いた個体が分泌する化合物である。危険がせまったことを仲間に知らせ，逃避行動を促す。

7.6　ビタミン

　食物として，必ず摂取しなければならないものにビタミンがあることは，全ての読者がご存知であろう。しからば，ビタミンとは何であろうか。

　ヨーロッパの歴史に大航海時代というのがある。15世紀から17世紀前半である。天動説から地動説への移り行く時代で，地球が平面ではなく，球であると人々が考え始めた時代である。球であるならば，シルクロードと反対方向へ海を航海していけばインドに行くことができるであろうし，また出発地点に戻ってくることができるはずだと考え，冒険心旺盛な船乗りが次々とヨーロッパを後にした。マゼラン，マルコ・ポーロ，コロンブスなどが代表的である。その中の一人にクックがいる。彼はヨーロッパ人として初めて現在のオーストラリアにたどり着いた。何回かの航海で彼を一番悩ませたのは船員の健康で，特に生野菜の不足からくる健康障害であった。クックは，これを船底でも育つもやしを食事に加えることで解決した。今の知識でいえば，ビタミンをもやしで補ったのである。人だけでなく動物は一般にビタミンを生合成することはできない。したがって，植物を食べることによって摂取するしかない。肉食の動物は他の動物の生肉を摂取することによってビタミンを摂取する。人でも極北の地に住む人々は植物を口にすることは難しい。このような人々は動物の生肉を食べるしかない。加熱するとビタミンの多くは分解してしまう。

鈴木梅太郎博士は，脚気の原因の研究を行い，1910年に米ぬかから脚気を防ぐ物質を得ることに成功した。この物質を"米"の学名にちなんで「オリザニン」と名付けた。偶然にも同じ時期に，ポーランドのフンク（Funk）という人も同じ物質を単離し，その物質が窒素を含むことにちなんで"vital amine"（生きるために必要なアミン）と名付けた。この2つが世界で初めてのビタミンの発見である。日本人としては残念なことに，それ以後"vital amine"という名前の方が広まり，それがなまって"vitamin"と

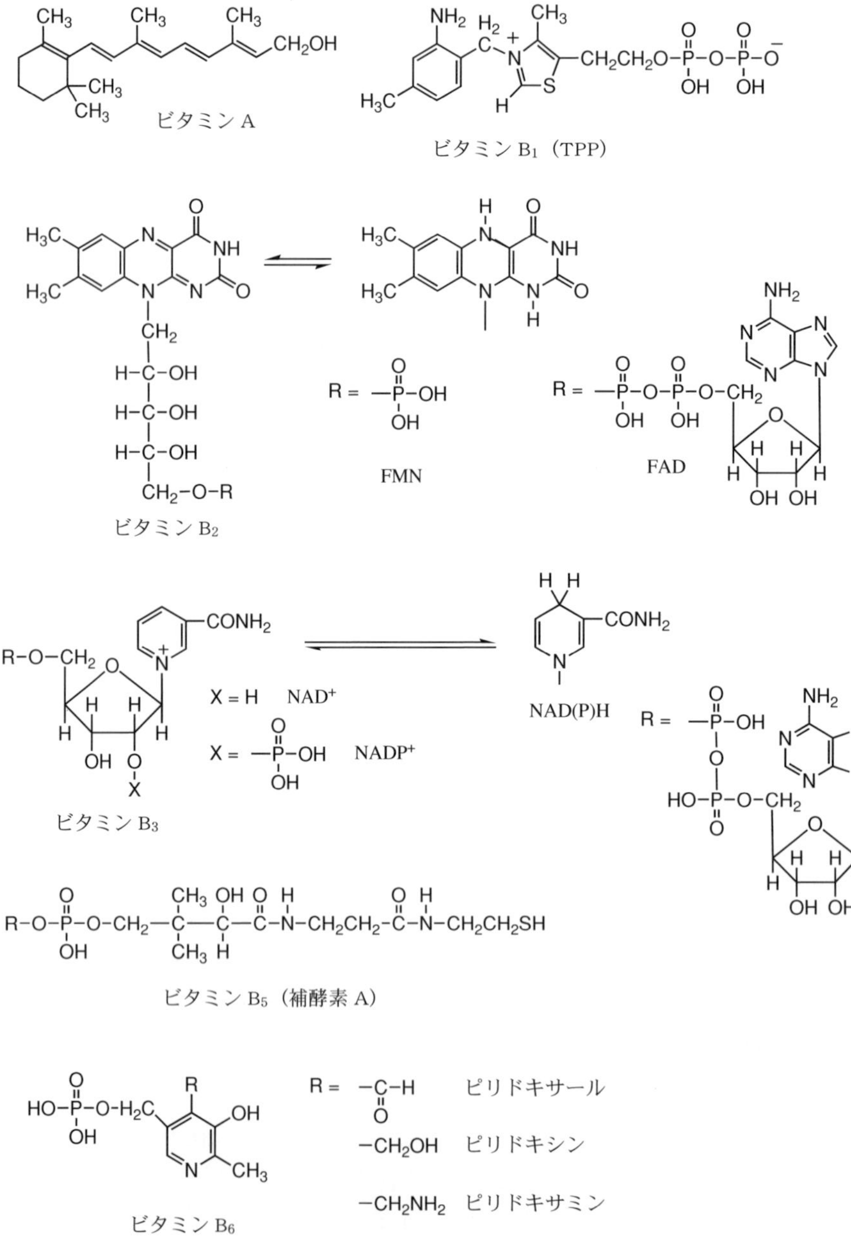

図7-13 種々のビタミン（1）

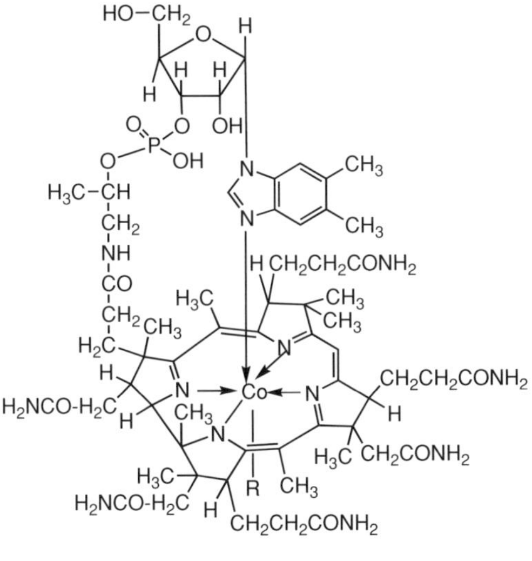

R=CN：シアノコバラミン

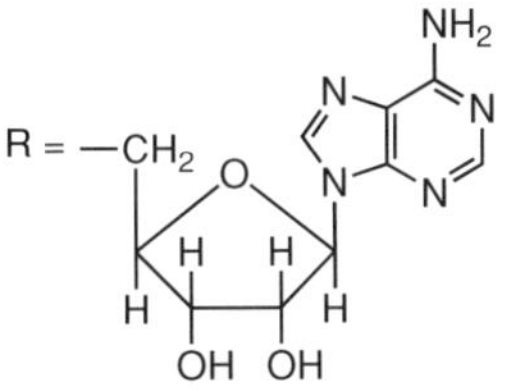

ビタミン C

ビタミン B₁₂

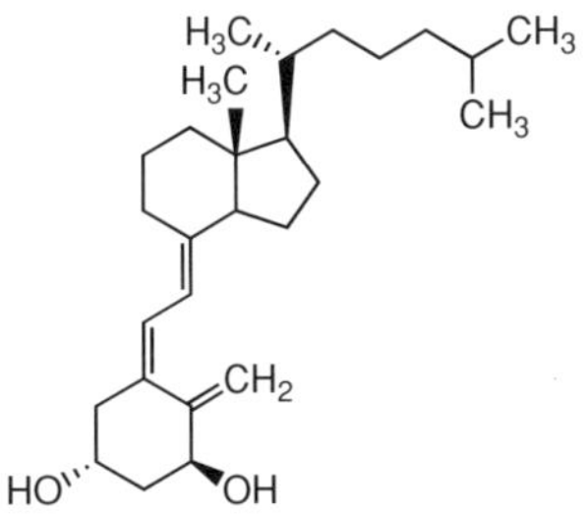

ビタミン D₃

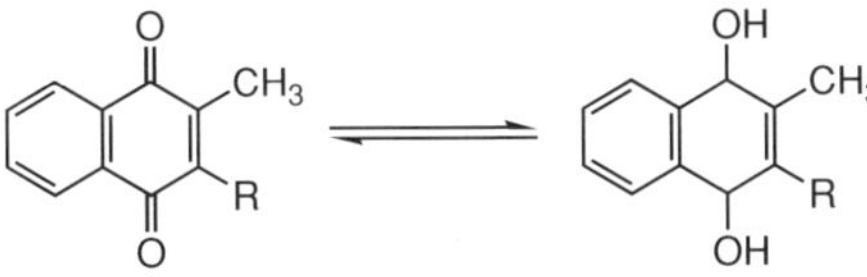

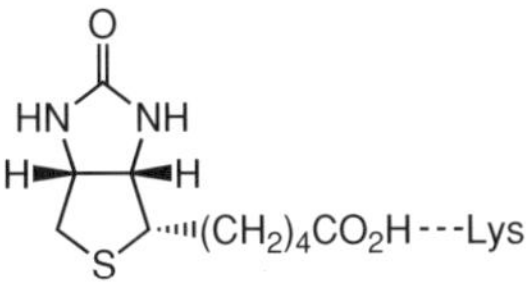

ビタミン H（ビオチン）

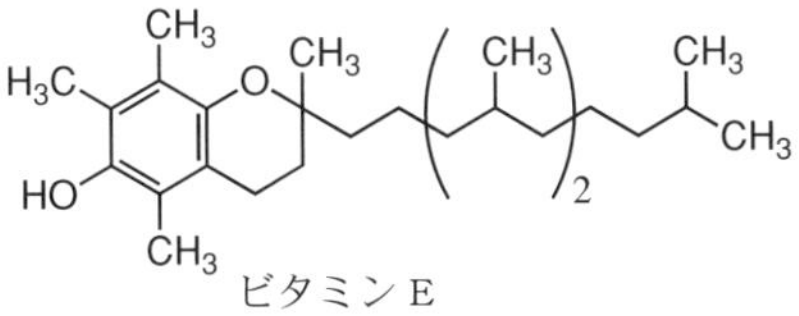

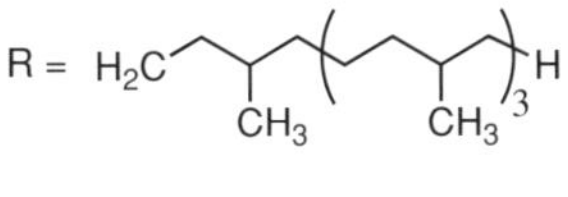

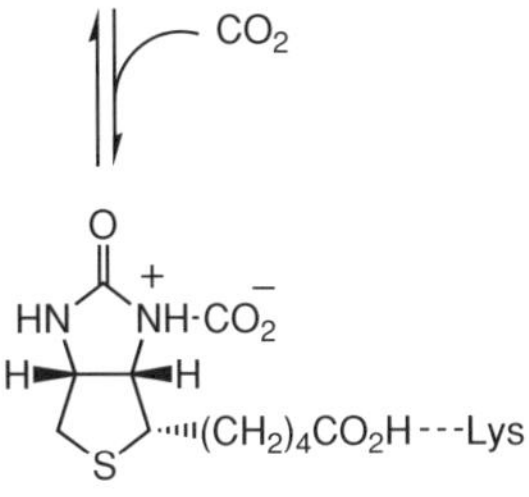

ビタミン E

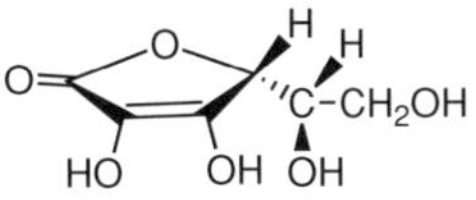

ビタミン K

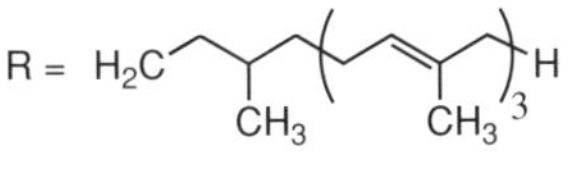

R= メナキノン

R= フィロキノン

図 7-14　種々のビタミン（2）

いう名が定着した。この最初に発見されたビタミンはビタミン B_1 とよばれており，その構造は，1936年に解明され，現在いうところのチアミンピロリン酸（TPP，8章-5, p. 114）の構造が決定された。ピルビン酸の脱炭酸に必須の補酵素である。

ビタミンに属する化合物は，その後次々に発見され，A, B, C…というように名付けられている。アミノ基を含まない化合物も発見されているが，それらも vital amine（ビタミン）として名付けられている。それらの化合物を図7-13, 14にまとめて示した。これを見てわかるように，ビタミンは，実は補酵素として働いている化合物であることが見てとれよう。しかし，ビタミンCのように，いまだにその作用はっきりしないものもある。人も含め，動物はビタミンを植物から摂らなければならない。特に水溶性のビタミンは毎日尿に混じって体外へ排出されるので，食物から摂取することは大切である。順に作用を説明していこう。これまでにすでに出てきた化合物も少なくない。

一般に脂溶性のビタミンは，簡単に体外に排泄されないので，毎日気をつけて摂取する必要のないものが多い。その観点からはビタミンAは例外で，脂溶性であるにも関わらず，食物からきちんと摂取しなければならないビタミンである。**7.1.3**で述べた視覚に本質的に重要な役割を担うレチナールの生合成原料となる化合物で，ニンジン，カボチャなどの有色野菜に含まれる。

ビタミン B_1 は先にも述べたように鈴木梅太郎やFunkによって最初に発見されたビタミンである。構造が決定されたのは30年近くたってからであるが，解糖系の鍵反応であるピルビン酸の脱炭酸反応に触媒として重要な役割を果たす化合物である。生化学の分野ではチアミンピロリン酸（TPP）といわれる。

ビタミン B_2, B_3 は酸化還元反応に関与する補酵素で，それぞれに酸化型と還元型の構造が知られている。ビタミン B_2 は主としてC–C単結合の二重結合への酸化やその逆反応を司る補酵素である。これに対して，NAD(P)$^+$はアルコールやアルデヒドなどC–O結合の酸化に使われる補酵素であり，還元型は逆にカルボニル基の還元剤として働いている。

ビタミン B_5 は補酵素Aである。化学的観点から言えば，鍵となる構造はチオールであるということだ。様々なカルボン酸とチオールエステルを形成し，α位のアニオンを安定化してプロトンの脱離を容易にするし，カルボニル基の求核剤との反応性を高める働きをする。要するに，生体内のカルボン酸の反応性を活性化するために，なくてはならないしかも唯一の補酵素である。ビタミン B_2, B_3, B_5 には全てアデノシン骨格が含まれている。これらのことからも，アデノシン骨格が他の核酸塩基と比較してより重要な骨格であるということができる。

ビタミン B_6 は，非常に多くの酵素と協同的に働き，特にアミノ酸の変換に関して重要な役割を果たしている補酵素である。グルタミン酸のアミノ基をα-ケト酸に移してアミノ酸の生合成に寄与していることは，9章で紹介する。この他にアミノ酸のラセミ化や脱炭酸反応に関与している。いずれの場合にも，ピリドキサールのアルデヒド基が

$$\text{(structure)} \underset{\text{グルタチオン}}{\rightleftharpoons} \text{(structure)} \quad (7\text{-}7)$$

$$\text{エルゴステロール} \xrightarrow{\text{日光}} \text{(structure)} \longrightarrow \text{(structure)} \xrightarrow{\text{肝臓}} \text{活性型ビタミン}D_3 \quad (7\text{-}8)$$

R = CH(CH$_3$)CH$_2$CH$_2$CH$_2$CH(CH$_3$)$_2$

アミノ基とシッフ塩基を形成することが鍵段階である。ビタミン B_{12} は最も複雑な構造をしたビタミンである。C–C，C–O，C–N結合の組み換えやメチル基の転移に関与する重要な補酵素である。

ビタミンCはアスコロビン酸という名でも知られる。還元剤として働くことが知られているが，作用の全容は明らかとなっているとは言い難い。酸化型はジケトンで，これはグルタチオンによって還元型に戻される（式 (7-7)）。

ビタミンDは側鎖の構造が異なる化合物が6種類見つかっている。このビタミンはカルシウムイオンの代謝に関わっており，骨の健康に関与するものである。したがって，くる病や骨軟化症の治療にも有効である。活性型ビタミンDは食物中に存在しない。ステロイド骨格を有する前駆体が皮膚の外に分泌され，それに太陽光が当たることによって，B環が解裂して骨格が生成する（式 (7-8)）。さらに肝臓で水酸化を受けて活性型となるのである。したがって，ある食物を摂取しないことが原因で不足することはないが，適度に陽に当たることがこのビタミンにとっては重要である。

ビタミンEは酸化防止剤である。立体障害の大きいフェノールが酸化防止剤になることは一般的な有機化学でも知られているし，有機反応論の観点から極めて合理的である。

ビタミンH（ビオチン）はカルボキシル部分で酵素のリジン残基と結合している。脂肪酸の生合成で，アセチルCoAをマロニルCoAとして活性化する際に，二酸化炭素をアセチルCoAに導入するのになくてはならない補酵素である。ATPによって酸無水物

となって活性化された炭酸と反応して自身の窒素原子にCO_2ユニットを取り込み，アセチルCoAにそれを転移する（式（7-9））。この変換によって，アセチルCoAのα炭素の酸性は飛躍的に増加し，もう1分子のアセチルCoAのカルボニル基との間でC–C結合を生成し，脂肪酸合成を進めることになる。

ビタミンKは血液の凝固に関与するビタミンである。血液の凝固は複雑なカスケードによる反応であるが，最終段階でビタミンKの作用が必要である。

$$(7\text{-}9)$$

ビオチン

最も簡単な構造の生理活性物質

これまで見てきたように，ホルモンの構造には多くのバラエティーがある。効果を及ぼす相手が限定されているのだから，個性的な構造をしているのは当然かもしれない。

ところが例外的に簡単な構造の植物ホルモンがある。ポリエチレンの原料であるエチレンである。植物が自分自身で生合成するが，沸点−104℃の気体であるから他のホルモンとは違って，生合成した植物の体内だけにとどまらず，近くのほかの植物にも影響を与える。

エチレンは植物の一生にわたっていろいろな働きをする。例えば，種子の発芽の促進，茎の伸びの抑制，開花の抑制，果実の成熟，花・葉・実が落ちるのを促進する，など多様である。リンゴを産地から市場へ運ぶ程度の時間でも気密性のある容器に入れておけば，エチレン作用によってリンゴは成熟の度合いが違ってくる。

エチレンの生合成の原料はS–メチルメチオニンである。ATPの作用でSCH_3が脱離して3員環を生成し，酵素の作用でエチレンを生じる。

8 解糖系の有機電子論

　解糖系とはグルコースからピルビン酸までの代謝経路のことである。生物にとってはエネルギーを獲得するための重要な代謝経路である。と同時に，一部のアミノ酸の生合成前駆体を供給する意味でも重要である。
　各段階の反応は，ピルビン酸へと変換するための非常に合理的にデザインされた反応である。有機反応論の観点からも，水溶液中，室温・中性という制限された反応条件下で目的の変換を行うための無理のない反応の組み合わせになっている。
　ピルビン酸は嫌気的条件下では乳酸に還元されるか，脱炭酸されてアセトアルデヒドになる。好気的条件下では酸化的に脱炭酸されてアセチルCoAに変換される。ここまでの段階を含めて，各ステップを有機電子論の観点から検証してみたい。mother natureの巧みさに感嘆することであろう。

8.1 解糖系とは

　解糖系とは，グルコースからピルビン酸までの代謝経路のことで，微生物からヒトまで多くの生物が共通してもっている（この経路の確立に大きな貢献のあった人の名にちなんでエムデン - マイヤーホフ（Emden-Meyerhof）の経路ともいう，図 8-1）。好気的な生物ではピルビン酸は酸化的に脱炭酸されてアセチル CoA と二酸化炭素となり，ア

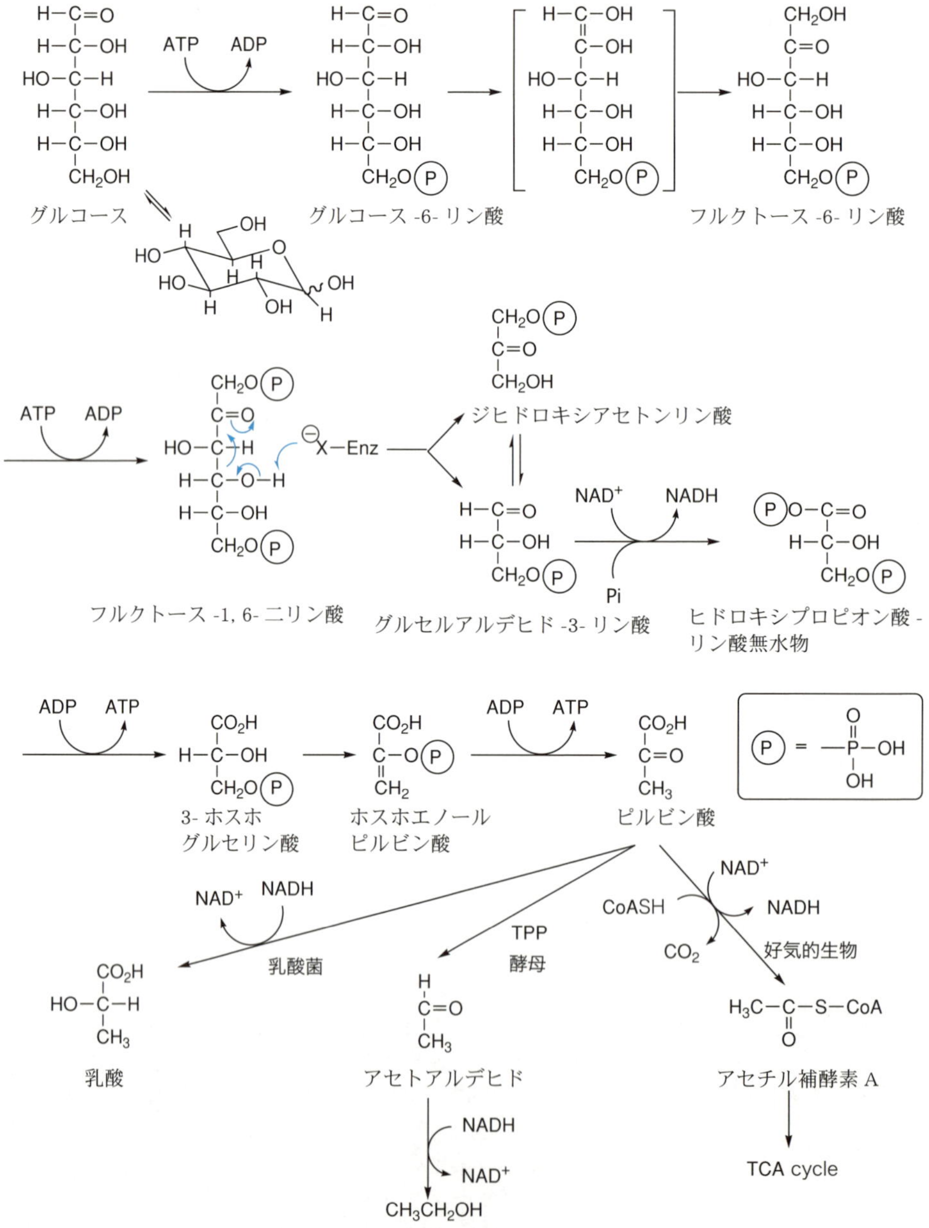

図 8-1　解　糖　系

セチル CoA は TCA サイクルで酸化される。嫌気的生物では，ピルビン酸は直接還元されて乳酸となるか（乳酸菌），脱炭酸された後に還元されてエタノールとなる（酵母）。

8.2 グルコースからフルクトースへの異性化

温和な条件下でC–C結合を切断することが可能なのは，レトロアルドール反応である（1.2.2参照）。この反応では，カルボニル基のα位とβ位の間でC–C結合が切断される。したがって，グルコースそのもののレトロアルドール反応では炭素2個と4個の化合物になってしまう。これでは炭素3個のピルビン酸を生成することはできない。炭素数3個の化合物とするためには，どうしてもカルボニル基の位置を2位に動かさなければならない。このような準備段階の反応が，すなわちグルコースからフルクトースへの異性化というわけである。C3化合物2種にすることができれば，それ以降のピルビン酸への代謝反応は，1つの経路ですむ可能性があるし，実際そうなっている。

グルコースからフルクトースへの異性化は，見かけ上カルボニル基と水酸基の位置が交換しているので酸化還元反応に見えるが，実際の反応機構はそうではない。ケト-エノール互変異性を利用した極めて容易な反応である(1.2.4参照)。解糖系では，グルコースがリン酸化された後に異性化するが，異性化だけに注目すればリン酸化されている必要はなく，イソメラーゼという酵素の触媒で容易に進行し，どちらを出発物質としても1：1の混合物となる（式8-1）。中間体エノールの1位にプロトンが付加すればフルクトースになるし，2位がプロトン化されれば，グルコースとなる。解糖系の場合にはフルクトースが次の代謝反応で消費されるので，事実上一方通行の反応となる。

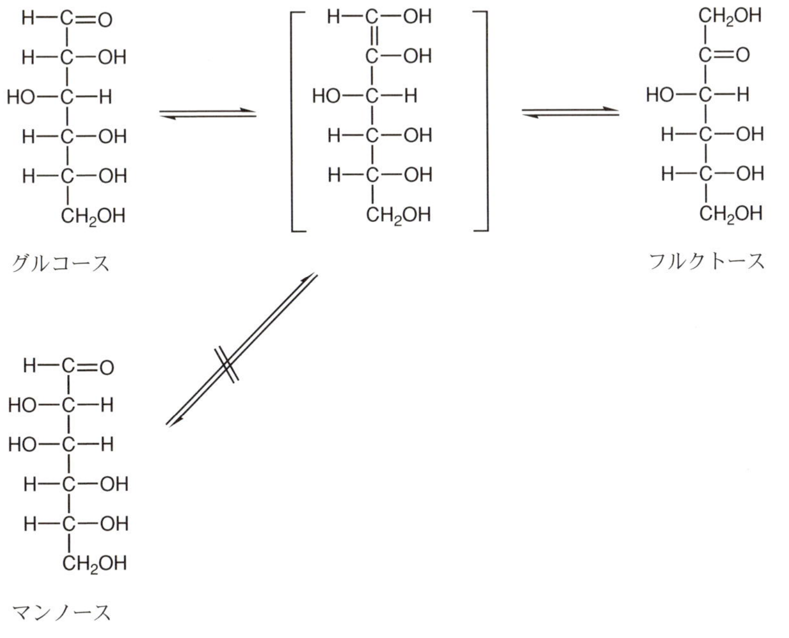

(8-1)

グルコース　　　　　　　　　　　　　　　　　　　フルクトース

マンノース

立体化学として1つ注意すべきことがある。「2位がプロトン化されれば，グルコースとなる」と述べたが，プロトンがエノールの二重結合の反対の面から付加すれば，エピマーであるマンノースが生成することになる。しかし実際には全く生成しない。反応溶媒である水は，プロトン源であるから面の両側からプロトンが攻撃するように考えられるが，酵素の反応場には「溶媒としての水」は入り込むことはできず，そこに存在している全ての水分子は酵素の選択性の制御下にあると考えなければならない。酵素の活性部位の特徴の1つである。

8.3　フルクトースからC3化合物へ

フルクトースからC3化合物とする反応は，レトロアルドール反応で円滑に進行する。生成物はジヒドロキシアセトンリン酸とグリセルアルデヒド-3-リン酸であり，酸化度は同じで，異性体である。この2種類の化合物が容易に異性化し得る化合物なら，以後の代謝経路はどちらか一方の化合物からのもので十分である。2種類を別々に代謝して行くより必要な酵素の数は少なくて済み，効率が良いと言える。実際，ジヒドロキシアセトンリン酸とグリセルアルデヒド-3-リン酸の構造を見ると，カルボニル基と水酸基の位置が入れ替わっているだけで，これは先に出てきたフルクトースとグルコースの関係と全く同じである。したがって，同じ機構で容易に異性化し得る。

代謝反応の先へ進んで，脱炭酸反応によって炭素1個を切り出すためには，末端炭素がカルボキシル基でなければならない。したがって，生成したC3化合物はカルボン酸へと変換しなければならない。そのためには末端炭素の酸化度の高い化合物から変換して行くことが望ましい。実際にも，ジヒドロキシアセトンリン酸がグリセルアルデヒド-3-リン酸に異性化し，代謝反応が進行して行く。

8.4　グリセルアルデヒド-3-リン酸からピルビン酸へ

グリセルアルデヒド-3-リン酸とピルビン酸はともに炭素3個の化合物であるから，C−C結合に関してはこれ以上変化は不要である。次に両者の酸化数を比較するとグリセルアルデヒド-3-リン酸は3個の炭素の酸化数を合わせて「0」（1位から順に，＋1，0，−1）であり，ピルビン酸では「＋2」（同様に，＋3，＋2，−3）である。したがって，この変換には，酸化と官能基の変換が必要であることになる。

アルデヒドの酸化は，通常水和物が基質となり，脱水素酵素（デヒドロゲナーゼ）と酸化型補酵素でカルボン酸とする。この場合は，エネルギーを得る目的も含めて，水ではなくリン酸が付加し（式 (8-2)，中間体**1**），それが脱水素酵素によって酸化される。生成するものは，カルボン酸そのものではなく，リン酸との混合酸無水物である。「酸無水物結合」は生体内で加水分解されると大きな発熱を伴うので，「高エネルギー結合」

とも呼ばれる。ATPは生体内のエネルギー源として最も重要な化合物であるが，化学的にはリン酸無水物結合の化学結合のエネルギーをうまく利用しているということである。式（8-2）では，代謝に必要な酸化反応のエネルギーを巧みに酸無水物結合として蓄えたことになる。図8-1に示されるように，この酸無水物結合はただちにADPのATPへの変換という生物にとってより使いやすいエネルギー源として保存される。この変換は，化学的に言えば，酸無水物同士の交換反応で，エネルギーの出入りはない。

$$\tag{8-2}$$

グリセルアルデヒド-3-リン酸　　　　　　　　　　**1**　　　　ヒドロキシプロピオン酸-リン酸無水物

　3-ホスホグリセリン酸が生成した段階で，分子全体の酸化数はピルビン酸と同じになった。後は2個の炭素に結合している水酸基を1つの炭素上にまとめて，カルボニル基とすれば良いことになる。一方を酸化し，一方をC－Hに還元すれば良いのであるが，この還元反応を直接行なうことは容易ではない。生命機能はもっとスマートにこの変換をやってのける。ここでもこれまで何度か出てきたケト－エノールの互変異性を利用し，しかもせっかく結合しているリン酸部分をエネルギーの蓄積に利用する。式（8-3）に示すように，リン酸エステルを3位から2位に移す。この反応は5員環遷移状態を形成する反応なので円滑に進行し，中間体**2**を生成する。次に水が脱離する。生成する二重結合はカルボキシル基と共鳴できる位置にあるので，この反応も容易に進行し得る。生成物はピルビン酸のエノール型がリン酸化されたホスホエノールピルビン酸である。エノール型とケト型では，互変異性体とは言うものの，平衡は事実上ケト型だけで存在していることからもわかる通り，エノール型は不安定である。したがって，ケト型への変換は発熱反応である。このような安定型への変換の際の発熱は無駄に放出することなく，図8-1に示すようにADPのATPへの変換と巧みにカップルしていて，ここでもATPが1分子生成する。

$$\tag{8-3}$$

3-ホスホグリセリン酸　　　　　　　**2**　　　　　　ホスホエノールピルビン酸

8.5 ピルビン酸の脱炭酸反応

ピルビン酸の脱炭酸反応では，カルボキシル基からプロトンが解離した後に二酸化炭素が脱離するであるから，形式的にはカルボニル炭素が陰イオンとなる反応という事になる（式 (8-4)）。カルボニル炭素は $\delta+$ 性を有するのであるから，これを陰イオンにするような反応が円滑に進行する事は期待できない。どうしても工夫が必要である。というわけで，自然はチアミンピロリン酸（TPP）という補酵素を触媒として使う。TPP

$$H_3C-\underset{\underset{O}{\|}}{C}-COOH \rightleftharpoons H_3C-\underset{\underset{O}{\|}}{C}-COO^- \xrightarrow{CO_2} H_3C-\underset{\underset{O}{\|}}{C}^- \quad (8-4)$$

ピルビン酸

の触媒としての重要な部分はチアゾリン環である。これが炭素陰イオンとして作用する。図 8-2 に示すように，C^- となる炭素の隣接位には N^+ があってアニオンを安定化する。シアン化物イオンが安定である事と同じ原理であるが，チアゾリン環アニオンの場合には N が正電荷を帯びているのであるから，電子求引性はさらに大きく，より安定になると期待できる。その上，隣接位にイオウ原子がある。イオウは第 1 章の 2.8 で述べたように，隣接位の炭素陰イオンを安定化する働きがある。ジチアンが安定な炭素陰イオンを生成するのはこのためである。結局チアゾリン環アニオンは二重に安定化を受けていることになる。これなら生体内のような温和な条件下でも炭素陰イオンに解離して，触媒作用を発揮できる。

ここで，1.2.7 で述べたベンゾイン縮合を思い出して頂きたい。ベンズアルデヒドのカルボニル炭素に炭素陰イオンとしての反応性を付与するためにシアン化物イオンを触媒として用いる反応であった。生体内では有毒なシアン化物イオンを用いる事はできないが，代わりにチアゾリン環を利用すればピルビン酸のカルボニル炭素を陰イオンとするような反応が実現できると期待される。

チアジリン環陰イオン　　シアン化物イオン　　ジチアンの陰イオン

図 8-2　チアミンピロリン酸と他の炭素陰イオンの比較

実際の酵素反応では，図 8-3 に示すように TPP が解離して陰イオン（**1**）となり，これがピルビン酸のカルボニル基を攻撃する。生じたオキシアニオンにカルボキシル基からプロトンが移動したのが中間体（**2**）である。カルボキシラートアニオンから脱炭酸すると，その α 位がアニオンとなるが，その電子を N^+ が受け止めて，なんと電気的に中性の分子（**3a**）が生成する。これなら脱炭酸反応が円滑に進行して，何ら不思議はない。

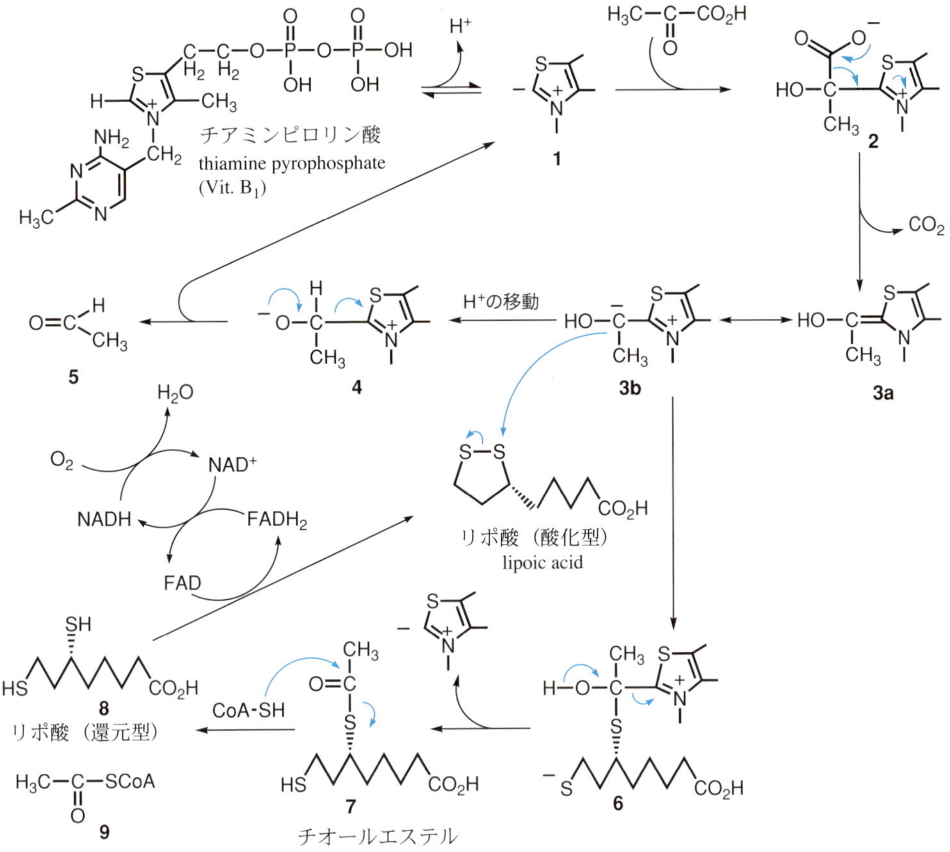

図 8-3 チアミンピロリン酸によるピルビン酸の脱炭酸反応

(**3a**) はエナミンであるから炭素が負電荷を帯びた共鳴構造 (**3b**) の寄与もある。このアニオンに水酸基のプロトンが移動し，オキシアニオンとなった後電子が押し込まれ，C−C 結合が開裂すれば，TPP が再生し，アセトアルデヒドが生成する。反応の過程でピルビン酸あるいはアセトアルデヒドのカルボニル炭素が負電荷を帯びているが，チアゾリン環のお陰で，何ら無理のない中間体を経由している点に自然の反応デザインの妙味が感じられる。

好気的生物では (**3b**) が求核剤として作用し，酸化型リポ酸のジスルフィド結合を開裂する。S−S 結合が求核剤との反応で容易に切断されるのも 1. 2. 8 で述べたイオウという元素の特徴である。生成した中間体 (**6**) からオキシアニンが生成し (OH のプロトンが S⁻ に移動すると考えても構わない)，アセトアルデヒドが生成するときと全く同じ電子移動が起これば，TPP が再生し，ピルビン酸由来の炭素は，酢酸のチオールエステル (**7**) となる。そのまま TPP が再生すればアルデヒドが生成しているのに対し，酢酸エステルになっているのであるから酸化された事になる。酸化剤は酸化型リポ酸で，こちらは還元型 (**8**) となる。これが酸化型に戻らないと，反応はストップしてしまう

のであるから，最終的には酸化剤である酸素が必要となるのである。(**7**) と補酵素 A の反応でアセチル CoA (**9**) が生成するが，これは単にチオール同士のエステル交換反応である。生成したアセチル CoA は TCA サイクルに入り，さらに酸化されて最終的には二酸化炭素となる。

8.6　解糖系の生理学的意義

　解糖系でピルビン酸が生成し，乳酸菌や酵母では乳酸やエタノールを生成する過程で還元型補酵素が消費されるので，反応全体としては酸化でも還元でもなく，したがって酸素無しにこの代謝過程は完結し得る（式 (8-5), (8-6)）。

$$C_6H_{12}O_6 \xrightarrow{\text{乳酸菌}} 2\,H_3C-\underset{OH}{\overset{H}{C}}-CO_2H \quad (\text{分子式}: C_3H_6O_3) \tag{8-5}$$
グルコース

$$C_6H_{12}O_6 \xrightarrow{\text{酵母}} 2\,CH_3CH_2OH + 2\,CO_2 + 167\ \text{kJ/mol} \tag{8-6}$$
グルコース　　　　　　　　　　$\underbrace{\qquad\qquad\qquad\qquad}_{C_3H_6O_3 \times 2}$

　この代謝経路でのエネルギーの出入りに注目すると，代謝過程の前半では，フルクトース-1,6-二リン酸を生成するまでに 2 分子の ATP を消費するが，後半 C 3 化合物になってから 2 段階の反応で ATP を生産している。これはグルコース 1 分子あたりで言えば 4 分子生成していることになる。結局，グルコース 1 分子からピルビン酸 2 分子が生成するまでの過程で，ATP を 2 分子生成し，その分エネルギーを獲得したことになるのである。このようにして無酸素下でエネルギーを獲得できることが解糖系の生理学的意義である。

　グルコースからエタノールと二酸化炭素各 2 分子が生成する反応は，結合エネルギーの差から計算すると 167 kJ/mol の発熱反応である。仮に ATP 1 分子が消費されるときには 31 kJ/mol 程度の仕事をするとして計算すると，解糖系でのエネルギー変換の効率は約 37%程度ということになる。この数字は，人の叡智を集めたエネルギー変換の方法と比較しても高い方である。

9 TCAサイクルの有機電子論

　解糖系とそれに引き続くピルビン酸の酸化的脱炭酸で生成したアセチルCoAはTCAサイクルに入る。TCAサイクルが一周すると，アセチルCoAとして導入された2個分の炭素は，形式的に二酸化炭素と水に酸化され，多くの還元型補酵素（NADH）が蓄積する。このNADHを再び酸化型に戻す過程で多くのADPがATPに変換され，生体は化学的エネルギーを蓄えることになるのである。
　TCAサイクルの各段階の反応も，解糖系と同様，自然の巧みさを感じさせる反応の連続である。アセチルCoAを取り込む段階から，炭素2個を二酸化炭素として放ち，最終的にアセチルCoAと反応した化合物を再生するまでの各ステップを有機電子論の観点から詳細に見ていきたい。
　TCAサイクルは，エネルギーを獲得するためだけではなく，アミノ酸の生合成前駆体を供給する意味もある。サイクルの途中にある中間体がアミノ酸に変換されると，そこでサイクルそのものが停止してしまう。しかし実際には，サイクルを円滑に稼働しつつ，しかもアミノ酸をも同時に供給するために，非常に巧みなからくりが用意されている。その仕組みについても解説することとする。

9.1 TCA サイクルとは

TCA サイクルとは，解糖系によって供給されるアセチル CoA を酸化的に代謝して 2 分子の二酸化炭素と水に分解する一連の代謝反応の経路である。この過程で多くの還元型補酵素が生成し，それが電子伝達系で酸化されるときのエネルギーを利用して ADP から ATP が生合成される。したがって，TCA サイクルとは，酢酸が有する化学結合のエネルギーを ATP のリン酸無水物結合のエネルギーに変換する過程であるといって差し支えない。

TCA とは tricarboxylic acid の頭文字をとったものである。アセチル CoA がこのサイクルにはいってきて最初にできる化合物がクエン酸という三塩基酸であることから，このようによばれる。クレブス（Krebs）サイクルともいわれることもあるが，これはこの経路の解明に大きな貢献のあった研究者の名前を冠せたものである。

9.2 TCA サイクルの化学的意味

TCA サイクルでは，アセチル CoA として入ってくる酢酸ユニットを二酸化炭素まで酸化するのであるが，生体内のような温和な条件下でこの反応を進行させるには，いくつもの巧みにデザインされた反応がどうしても必要である。以下段階を追ってそれらの反応を有機反応論の観点から吟味していきたい。

9.2.1 クエン酸の生成

TCA サイクルにアセチル CoA が入るのは，オキザロ酢酸との反応による。この両者の反応でクエン酸が生成する。アセチル CoA のエノール型が電子供与体となって，オキザロ酢酸のカルボニル基に求核付加して生成するのがクエン酸であり，脂肪酸の生合成やテルペンの生合成でも類似の反応が見られるアセチル CoA の特徴を活かした，生命機能お得意の反応であると言える。

9.2.2 クエン酸からイソクエン酸への異性化

オキザロ酢酸とアセチル CoA が反応してクエン酸が生成したため，炭素数は 4 個から 6 個に増加した。新たに導入された炭素そのものでなくても良いから，ともかく炭素 2 個を二酸化炭素として，オキザロ酢酸を再生しない事にはサイクルは廻らない。有機化合物から二酸化炭素を生成するとなると，その前駆体はカルボン酸に限られる。しかし，カルボン酸ならどんなものでも脱炭酸するかというと，そんな事はない。ピルビン酸の脱炭酸（9.5 参照）と同じ機構で脱炭酸を実現しようとすると，前駆体は α - ケト酸である。あるいは，β - ケト酸も非常に脱炭酸しやすいのであった（1.2.5）。したがって，カルボキシル基の他にその近傍にカルボニル基を有する化合物にクエン酸を変換す

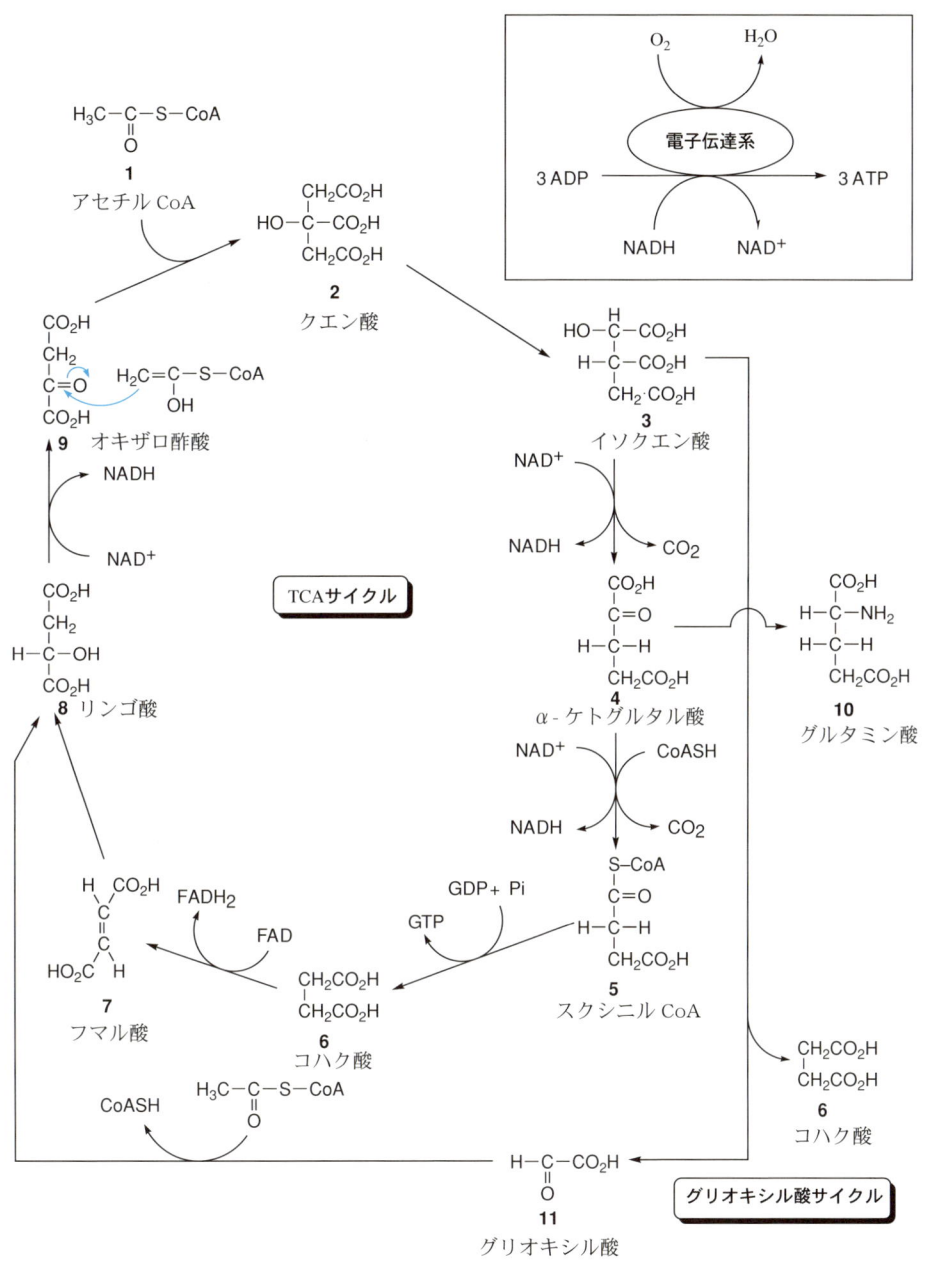

図 9-1 TCA サイクルとグリオキシル酸サイクル

る必要がある。幸いにしてクエン酸は水酸基を有するので，これが足掛りになると期待できる。しかし，クエン酸の水酸基は 3 級炭素に結合しているので，このままではどうにも先へ進めない。ならばこの水酸基を隣接位に移す必要がある。その反応がクエン酸からイソクエン酸への変換反応である。

その反応機構は式 (9-1) に示した。クエン酸の水酸基は両端のカルボキシル基から

$$\text{クエン酸} \xrightarrow{-H_2O} \textit{cis}\text{-アコニット酸} \longleftrightarrow \mathbf{1} \longrightarrow \mathbf{2} \longrightarrow \text{イソクエン酸} \quad (9\text{-}1)$$

見るとβ位にある。このタイプの化合物ではα位からプロトンが抜けると同時に水酸化物イオンが脱離できるので，大変二重結合を生成しやすい（レトロマイケル反応，1. 2. 3参照）。脱水反応の結果生成する化合物はcis-アコニット酸である。この化合物の二重結合は両端にカルボキシル基を有しているので，非常に電子密度が小さい。容易にマイケル型の付加反応（1. 2. 3参照）を起こす。カルボキシル基が2個あるので，水酸化物イオンは二重結合炭素のどちらの炭素にも付加する事が可能であるが，イソクエン酸が生成する方だけを書いたのが式（9-1）である。水酸化物イオンの付加に続いてプロトンが付加して反応は完結し，イソクエン酸が生成する。ここで注目すべき事は，新たに生ずる不斉中心の立体配置は厳密に一方だけであり（水酸基の根元はR，水素が結合している炭素はS），4個の可能な立体異性体のうちの1個だけが生成することである。反応全体としては水溶液中で水が付加しているのであるから，水酸化物イオンもプロトンもどちらの面からでも付加できそうに考えるかもしれないが，酵素反応場ではこのように厳密な選択性で反応が進行しているのである。言い方を変えると，酵素反応はバルクの溶媒中で起こっているイベントであると考えてはならない。酵素反応が進行する活性部位とは，溶媒と隔離された反応場なのだ。

9.2.3 イソクエン酸の酸化的脱炭酸

イソクエン酸の水酸基は2級である。したがって，酸化してカルボニル基に導く事ができる。酸化の結果α-ケトグルタル酸が生成しているのであるが，この反応をもう少し詳細に式（9-2）で説明しよう。

水酸基がカルボニル基に酸化されると，この位置は「＊」の印をつけたカルボキシル基から見てβ位である（化合物**1**）。したがって，＊印のCO_2Hは非常に脱炭酸しやすくなり，触媒がなくても簡単に反応が進行するくらいである（1. 2. 5参照）。まして，酵素による何らかの促進効果があれば，反応は円滑である。遷移状態は**2**のようなものであると推定できる。酵素活性部位中でカルボキシル基が解離してアニオンになっていれば，生成物は**3**ではなく，対応するエノラートであろう。詳細は不明であるが，

いずれにせよ，プロトン移動あるいはプロトン化で生成物であるα-ケトグルタル酸となる。ここで面白いことは，このプロトン化がエナンチオ面選択的であるということである。このことは化合物（**1**）のプロトンが重水素となっている化合物を基質にすると，生成物のメチレンプロトンの一方がD化された光学活性体が生成することから明らかになった。実際には不斉炭素になるわけではないのでプロトンがどちらから付加しても同じことであるが，酵素が触媒する反応ではこのような反応でも立体選択的に進行するということと，前にも述べた通りバルクの水溶液中でのプロトン化反応であってもエナンチオ選択的であることが，酵素反応の特徴であることを如実に物語っている。

9.2.4 α-ケトグルタル酸の脱炭酸

α-ケトグルタル酸の脱炭酸反応は，ピルビン酸の脱炭酸反応（p.114参照）と同じようにα-ケト酸の反応であるので，詳しく述べる必要はないであろう。酸化的脱炭酸で生成物はポテンシャルエネルギーの高いCoAエステルである。この化合物の加水分解による発熱を無駄にすることなくGDP 1分子をGTPに変換する。GTPの生成は，生物にとってATPの生成と同じ意味を有する。コハク酸が生成したこの段階で，2分子の二酸化炭素を放って，出発物質のクエン酸は炭素4個の化合物となった。後はオキザロ酢酸まで，酸化数を上げていけば良いことになる。反応は3段階で，脱水素，マイケル型付加反応，デヒドロゲナーゼによる酸化である。

9.2.5 フマル酸の反応・リンゴ酸への変換とアスパラギン酸の生成

コハク酸からは脱水素反応によってフマル酸が生成する。この二塩基酸は先に述べたアコニット酸と同様，二重結合の炭素にカルボキシル基が1個ずつ結合しているので，活性なマイケル反応受容体であり，容易に水が付加する。水溶液中における水分子の付加反応であるが，先に述べたように完全にエナンチオ選択的で，生成物は純粋なL体のリンゴ酸である（式(9-3)）。リンゴ酸の水酸基が酸化されれば，オキザロ酢酸が無事に再生することとなり，TCAサイクルが成立する。

フマル酸にアスパルターゼという酵素が作用すると，水の代わりにアンモニアが付加

$$\text{(9-3)}$$

（式(9-3)：フマラーゼによるフマル酸への水の付加によるリンゴ酸生成）

$$\text{(9-4)}$$

（式(9-4)：アスパルターゼによるフマル酸へのアンモニア付加によるアスパラギン酸生成）

してアスパラギン酸が生成する（式(9-4)）。水の付加がエナンチオ選択的であることに納得できれば，アンモニアの付加がエナンチオ選択的であることは同様に納得できることである。しかし，細胞という水溶液の中にある希薄な濃度のアンモニアをきちんと認識して基質とすることは，至難の業である。酵素はしかし，このような識別もやってのけるのである。分子全体としての立体的大きさ，水素結合の受容体としてもドナーとしても水とアンモニアの間に大きな違いない。しかもアンモニアの濃度は水に比べれば極めて低濃度である。それにも関わらずアスパルターゼという酵素は，水溶液中にわずかに存在するアンモニアをきちんと基質として選び出すのである。

9.3　グリオキシル酸サイクル

　TCA サイクルの途中に存在する α-ケトグルタル酸はグルタミン酸の生合成前駆体ともなる。α-ケトグルタル酸が還元的にアミノ化されればグルタミン酸が生成する。実際には先ずアンモニアが付加してカルボニル基がイミンに変換された後，還元されてアミノ基となる。

　この反応が起こると，スクシニル CoA へのルートが途切れ，結果としてオキザロ酢酸は生成せず，TCA サイクルは止まってしまう。止まってしまってはグルタミン酸の生成もストップしてしまい，これでは具合が悪い。これを防いで TCA サイクルをまわしながら，しかもグルタミン酸の生成も同時に達成する工夫がグリオキシル酸サイクルである。すなわちイソクエン酸からレトロアルドール反応でコハク酸とグリオキシル酸が生成する反応が起こる（式(9-5)）。レトロアルドール反応はこれまでにもたびたび出てきたように，温和な反応条件下で C–C 結合を切断する，生体にとってはおなじみ

$$\text{(9-5)}$$

（式(9-5)：イソクエン酸のレトロアルドール反応によるグリオキシル酸とコハク酸の生成）

の反応である。

この生成物の1つであるコハク酸はTCAサイクルを構成する化合物であり，いわば近道をしてサイクルの先の化合物ができたことになる。しかも，グリオキシル酸のアルデヒド基にアセチルCoAが求核付加すると，なんとリンゴ酸が生成する。これも近道で中間体を生成したことになる。仮にイソクエン酸1モルの半分がα-ケトグルタル酸経由でグルタミン酸となり，残り半分がグリオキシル酸サイクルに入ると，ちゃんと1モルのオキザロ酢酸が再生できることになる。したがって，クエン酸も1モルできる。余分に使われたものはアセチルCoAだけであり，この化合物はもともとTCAサイクルを廻すために次々と供給されている化合物であるから，量が増えるだけで何の問題もない。これならグルタミン酸も生成するし，TCAサイクルも回り続けることができる。全く無駄がなく，何ともうまくできた仕掛けである。

9.4 TCAサイクルの生理学的意味

TCAサイクルは化学反応論の観点から見ると，なかなか巧みな反応を活用して反応を進行させていることが明らかになった。しかし，アセチルCoAを二酸化炭素と水に代謝分解して，生物にとってはどんな意味があるのだろうか。この問いに関しては，大きく2つの答えがある。第1にこのサイクルを廻すことによって，その生物体がエネルギーを獲得しているということ，そして第2にアミノ酸生合成のための材料を提供しているということである。

9.4.1 エネルギーの獲得

生体がエネルギーを獲得するということは，解糖系の章でも述べたように，栄養として摂った化合物（主として糖）が有する化学結合のエネルギーをATP（あるいはGTPのような類似化合物）のリン酸無水物結合のエネルギーに変換して体内に蓄えるということである。これに対応してC–HやC–C結合のようなポテンシャルエネルギーの高い結合はより安定な酸素との結合に変化し，化合物としてはCO_2やH_2Oになるのである。

グルコースからピルビン酸が生成し，さらに酸化的に脱炭酸されてTCAサイクルに入って二酸化炭素と水に代謝される過程でATPやGTPが生成することはすでに見てきた。この他にこれらの過程が酸化反応であることを反映して，多くのNAD^+がNADHに変化する。実はこの変化もエネルギーの獲得に密接に関係ある。還元型の補酵素が蓄積する一方では，TCAサイクルは廻らなくなる。NADHはNAD^+にリサイクルされなければならない。しかし，酸素分子は直接NADHを酸化することはできない。そこで，この役割を担ういくつかの酵素と補酵素が存在する。これらを全部ひっくるめて電子伝達系（図9-1）という。この中には，フラビン型の補酵素，トコフェロール，チトクロームなどの化合物が含まれ，順次電子を受け渡し，最後に酸素に電子を渡す。

そこで酸素分子は O^{2-} となり，プロトンと結合して水分子となるのである。電子伝達系では最終的に NADH が酸化されるのであるから，全体としては発熱反応となる。この発熱を活かして，系全体で 3 分子の ADP が ATP に変換される。したがって，解糖系から TCA サイクルが一回りする間に NADH が 1 モル生成する過程があれば，それは 3 モルの ATP が生成することと等価である。また TCA サイクルでコハク酸がフマル酸に変換される反応に伴って $FADH_2$ が 1 モル生成するが，この分子も電子伝達系に入り，酸化型に再生される。この場合には 2 モルの ATP が生成する。同じ TCA サイクルでコハク酸の生成にリンクして GTP が 1 モル生成するのは，エネルギー的には ATP 1 モルの生成と等価である。

このような観点から再度グルコースの二酸化炭素への代謝経路を見直すと表 9-1 のようにまとめることができる。ピルビン酸以降はグルコース 1 モル当たり 2 モルの化合物が生成することも含めての勘定である。グルコース 1 モルが完全に酸化されると 38 モルの ATP が生成するのである。すなわち約 1160 kJ/mol のエネルギーが ATP として蓄えられたことになる。熱力学の教えるところによるとグルコース 1 モルの燃焼熱は

表 9-1 解糖系，TCA サイクルを通じての ATP 生成量

反 応		生成物*	ATP換算*
グルコース → グルコース-6-リン酸		−ATP	−ATP
フルクトース-6-リン酸 → フルクトース-1,6-二リン酸		−ATP	−ATP
グリセルアルデヒド-3-リン酸 → ヒドロキシプロピオン酸-リン酸無水物		2 NADH	6 ATP
ヒドロキシプロピオン酸-リン酸無水物 → 3-ホスホグリセリン酸		2 ATP	2 ATP
ホスホエノールピルビン酸 → ピルビン酸		2 ATP	2 ATP
ピルビン酸 → アセチルCoA		2 NADH	6 ATP
イソクエン酸 → α-ケトグルタル酸		2 NADH	6 ATP
α-ケトグルタル酸 → スクシニルCoA		2 NADH	6 ATP
スクシニルCoA → コハク酸		2 GTP	2 ATP
コハク酸 → フマル酸		2 $FADH_2$	4 ATP
リンゴ酸 → オキザロ酢酸		2 NADH	6 ATP
合計			38 ATP

＊いずれもグルコース 1 モル当たりに換算してのモル数

2876 kJ である。したがって変換の熱効率は約40％ととなり，嫌気的なアルコール発酵より高効率であることがわかる。

9.4.2 アミノ酸の生合成

TCAサイクルに含まれる化合物から2種のアミノ酸が合成されることについては，すでに述べた。α-ケトグルタル酸からグルタミン酸が得られ（図9-1），フマル酸からはアスパラギン酸が得られるのであった（式(9-4)）。フマル酸がアスパラギン酸に変換されるとリンゴ酸が供給されなくなるのでTCAサイクルはストップすることになる。しかしこの場合でも，グリオキシル酸サイクルが稼働すればリンゴ酸が生成するので，何ら問題はない。このようにしてTCAサイクルは生体構成物質の供給にも貢献していると言える。さらに次に述べるように，グルタミン酸は他のアミノ酸の生合成に重要な役割を果たしている。

9.4.3 アミノ基転移反応

トランスアミナーゼという酵素とピリドキサルリン酸（ビタミンB_6）という補酵素の働きで，グルタミン酸からα-ケト酸へアミノ基が転移する反応が知られている。この反応でα-ケト酸は対応するアミノ酸へ変換され，グルタミン酸はα-ケトグルタル酸に酸化される。このようにしてTCAサイクルの中間体から直接合成されるグルタミン酸は他のアミノ酸合成のためのアミノ基供給源になっているのである。

反応の詳細は，アラニンの生合成を例として図9-2に示した。これらは全て平衡反応であるが，グルタミン酸がアミノ基供給源として機能する方向のみの矢印で反応を示してある。ピリドキサルリン酸とグルタミン酸が反応する所から出発しよう。アルデヒドとアミノ基でシッフ塩基（イミン）となる，何の変哲もない反応である。ここで生ずる中間体（**1**）でプロトンが1,3-シフトする。この反応が立体特異的で，重水素でラベルした基質を用いれば，生成する不斉炭素は一方の立体配置のものだけができる。二重結合が移動して化合物（**3**）になることによって，グルタミン酸側は酸化され，ピリドキサルリン酸側は還元されたことになる。ここで加水分解すれば，α-ケトグルタル酸とピリドキサミンが生成する。ピリドキサミンとピルビン酸が反応して，再びシッフ塩基（**4**）が生成し，またプロトンの立体特異的な1,3-シフトによって，今度は補酵素の方が酸化され，ケト酸の方が還元されることになる（**6**）。**6**が加水分解すれば，ピリドキサルリン酸が再生し，アラニンが得られる。このサイクルが廻れば，結局グルタミン酸が還元剤となって，ピルビン酸を還元し，アラニンへと変換していることになる。α-ケト酸としてピルビン酸以外の化合物も基質となり，対応するアミノ酸に変換されるのである。個々のアミノ酸にそれぞれの合成ルートを用意するよりは，共通のアミノ基供給源を利用して，同一の反応パターンで様々なアミノ酸を合成する方が能率的であることは間違いない。生体反応とは非常に制限された反応条件下で，できる限り無駄を省き，

省エネルギー的になるようにデザインされていることが理解できよう。

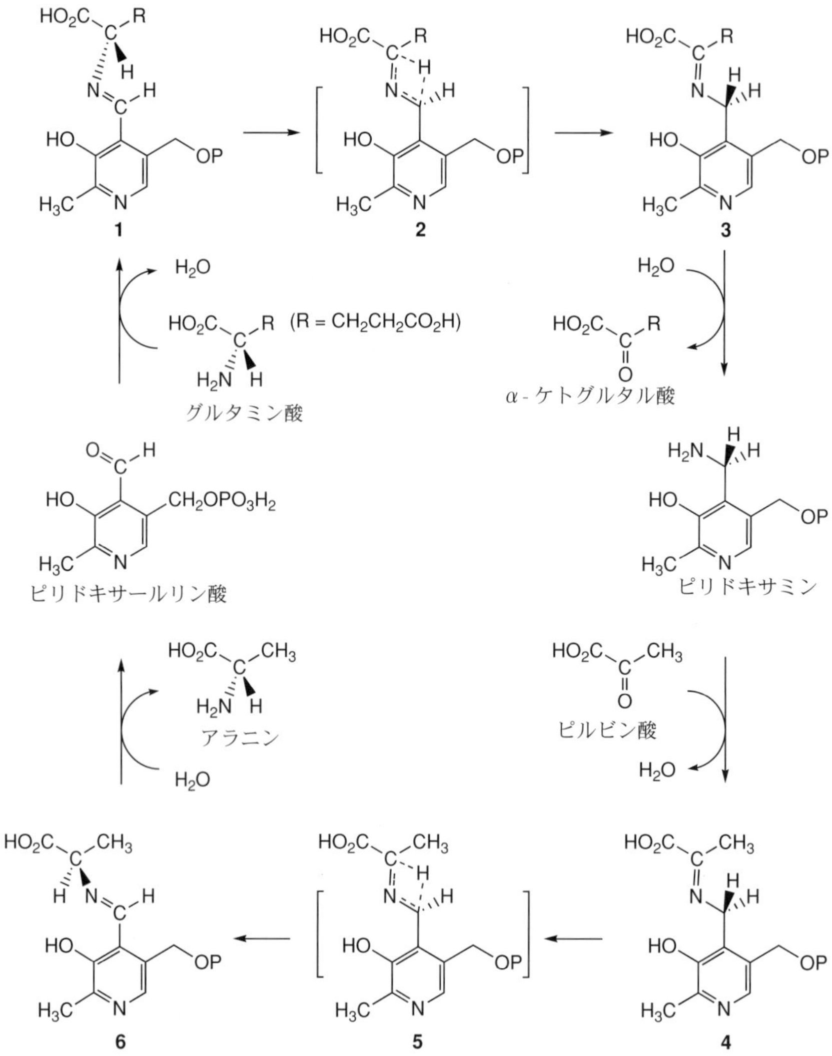

図 9-2　トランスアミナーゼによるアミノ基転移反応

付録　立体配置の表示法

1. Fischer の投影式と DL 表示

立体配置をより簡単に表すために Fischer は次のように提案した。付図1を見て頂きたい。(+)-乳酸（**1**，当時ここに書いた立体配置か逆かは，未だわかっていなかった）を矢印の方向から見ると **2** のように書くことができる。この際の約束は，水平方向に伸びているリガンド（**2** ではカルボキシル基と水素）が手前になるように，そして垂直方向にくるリガンド（メチルと水酸基）は紙面の向こう側になるようにおくことである。この様にして楔形と点線で表す結合を単なる実線で書いてしまう（**3**）。これがフィッシャー（Fischer）の投影式である。多くの場合不斉炭素も直線の交点で表すだけで，省略してしまう。要するに **3** で表される化合物の立体配置は **2** であるという事になる。次に立体配置に固有の命名をするときには，さらに制限を付ける。まず，炭素骨格をタテに書くこと。そして酸化度の高いリガンドを上に書くことの2つである。酸化度が高いとは，酸素が多く結合している官能基と考えて良い。CO_2H > $CH=O$ > CH_2OH > CH_3 という具合だ。こうすると，残りの水酸基と水素の位置に任意性はなく，立体配置が決まっていれば左右どちらにどのリガンドがくるかは一義的に決まってしまう。ここで水素以外の基が左になったら L 体，右になったら D 体と定義しようというのが Fischer の提案である。いま，例にした (+)-乳酸をこの定義に合うように書き直すと **4** となる。したがって **5** と表すことができ，これは L 体である。

Fischer がこの提案をしたとき知られていた光学活性体は糖，アミノ酸，ヒドロキシ酸など全て不斉炭素には水素が1個結合している化合物であったので，「水素以外の置換基の左右」という定義で紛れはなかったのである。

この定義における D，L は必ず大文字の楷書で書く。これはあくまでも立体配置の定義であって，比旋光度の符号とは無関係である。だから d 体（右旋性）が D の立体配置であることもあり得るし，L 体であっても不思議ではない。独立のことである。

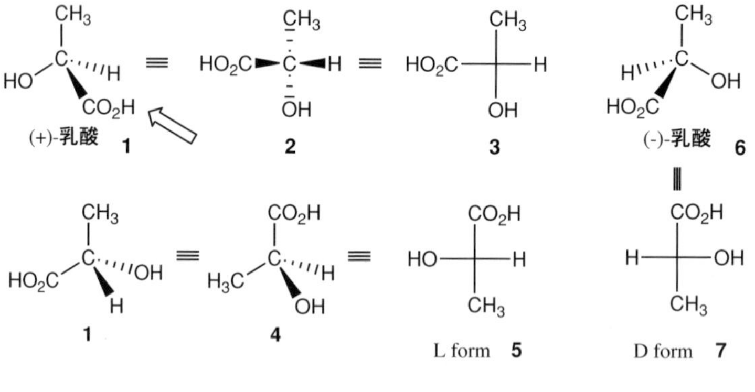

付図1　Fischer の投影式と立体配置の DL 定義

Fischer の投影式では同一平面上で式を回転しても，新たな式は元のものと同じ立体配置を表す式である。任意の一組みのリガンドを1回入れ替えると逆の立体配置となる。当然2回入れ替えれば元の立体配置に戻る。**3** と **5** が同じ立体配置であるか，逆であるか瞬時には判断しにくい。こんなとき，**3** のリガンドを何回入れ替えれば **5** になるか考えてみると間違いない。偶数回の入れ替えで同じ式になれば同じ立体配置，奇数回の入れ替

えなら逆である。

2. RS 表示

不斉炭素の立体配置を表すのに，Fischer は DL 表示法を提案した。彼の時代に知られていた光学活性物質では，それで不都合なことはなかった。ところが，有機合成化学が発達し，次第に多くの光学活性物質が合成されると，その定義法では立体配置を定義できない化合物が出現してきた。

そこで現在では，RS 表示法という定義が決められ，世界中で使われている。DL 表示法も天然化合物のときには依然として使われているので，両方とも覚えていなければならない。

RS 表示法とは次のようなものである。付図 2 を見て頂きたい。まず，不斉炭素に結合している 4 個のリガンドにある規則にしたがって 1 ～ 4 までの優先順位を付ける。不斉炭素とは 4 個の異なるリガンドが結合している炭素であるから，引き分けということはあり得ず，必ず順番は付けることができる。次に優先順位最低のリガンドと不斉炭素を結ぶ直線の延長上に目をおいて，他の 3 個のリガンドを見る。優先順位 1 → 2 → 3 を順にたどったとき，右廻り（時計廻り）になったらその立体配置は R（ラテン語の rectus）であると定義する。左廻り（反時計廻り）になったらその立体配置は S（ラテン語の sinister）である。

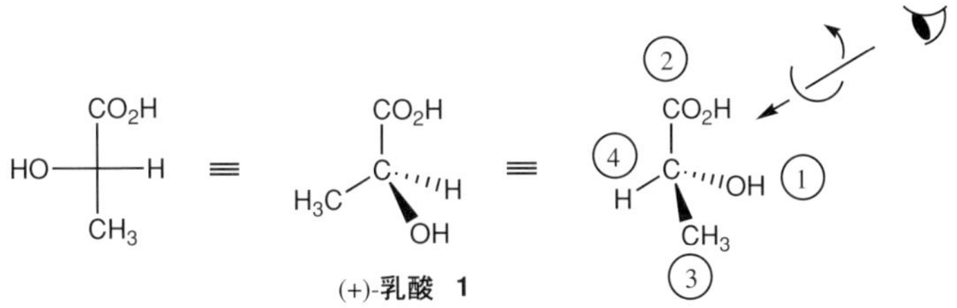

付図 2　立体配置の RS 定義

(+)-乳酸 **1**

問題は，どうやって優先順位を決めるかということに帰着する。あらゆる場合を想定した，非常に厳密な，細かい定義が必要である。ここでは，そのうちから基本的ないくつかを取りあげる。

規則 1　原子番号の大きい原子ほど優先順位は高い。

規則 2　まず，不斉炭素に直接結合している原子に着目する。それで順位が決まらないときは，その次に結合している原子のうち最も優先順位の高いもの同士を比較して決める。最も優先順位の高いもの同士の比較で決まらないときは，2 番目，3 番目の優先順位のもの同士を比較する。それでも決まらないときは，さらに不斉炭素から離れた原子で同じように比較する。

規則 3　同位体（例えば H と D）が結合していて，原子番号が同じときは，原子量の大きいものの方が優先順位は高い。

規則 4　二重結合，三重結合は同じ原子が 2 個，3 個結合しているとみなす。

実例をあげよう。まず d-乳酸（付図 1 の **5**）だ。DL 表示で言えば，L である。規則 1 を当てはめると，水酸基が優先順位 1 であることと水素が 4 位であることは決まる。2，3 位を決めるには規則 2 が必要だ。メチル基に結合している原子は H が 3 個である。これに

対してカルボキシル基では，規則4も使って酸素3個ということになる。したがってHとOの原子番号の比較でカルボキシル基の方がメチル基より高い優先順位となる。これで4個のリガンドの順位が図示したように決まり，H-Cの延長上から1→2→3を順にたどると，反時計廻りになるので，絶対立体配置はSと決定できる。

3. 演習

きちんと理解できたかどうか，演習として以下の問1，2を自分でやって確かめてみよう。アミノ酸，糖をはじめ天然化合物には不斉炭素を有する化合物は多いので，立体配置について理解することは大切である。

問1. 以下の化合物の立体配置を RS で答えなさい。

問2. 1〜3の化合物の内，Aと同じ立体配置の化合物はどれか。

答え

	1	2	3	4	5	6	7	8	9	10	11		
1.	R	S	S	R	R	S	S	S	R	S	S	2.	1, 3

索 引

あ 行

アキシャル結合　axial ····················· 10
アキラル　achiral ························· 11
アスパルターゼ　aspartase ················ 121
アセタール　acetal ························ 18
アデニン　adenine ························ 67
アノマー効果　anomeric effect ············· 26
アブシジン酸　abscisic acid ··············· 102
アミノアシル転移 RNA　aminoacyltransfer RNA
　　　　　　　　　　　　　　　　　····· 38
アミノ基転移反応　aminotransfer reaction ···· 125
アミノ酸　amino acid ····················· 36
アミン系ホルモン　amine hormone ········· 99
アルカロイド　alkaloid ···················· 91
アルドース　aldose ······················· 24
アルドール型化合物　aldol type compound ···· 14
アルドール反応　aldol reaction ············· 14
アロステリック効果　allosteric effect ········ 55

イオン結合　ionic bond ··················· 42
イオン反応　ionic reaction ················· 4
イス型　chair form ······················· 10
イソプレノイド　isoprenoid ··············· 84
イソプレン　isoprene ·················· 84, 86
イソペンテニル二リン酸
　　　　　isopentenyl pyrophosphate ········ 85
イソメラーゼ　isomerase ················· 111
一次構造　primary structure ··············· 40
遺伝子　gene ····························· 66
イントロン　intron ······················· 66

エキソン　exon ·························· 66
エクアトリアル結合　equatorial ············ 10
エノラート　enolate ······················ 14
エノール　enol ··························· 16
エムデン－マイヤーホフの経路
　　　　　Emden-Meyerhof pass way ········ 110
塩基　base ······························· 14
塩基性　basicity ······················· 4, 14

エンタルピー　enthalpy ··················· 54
エントロピー　entropy ···················· 54

オーキシン　auxin ······················· 101
オペレーター　operator ··················· 73
オルニチン　ornithine ···················· 93

か 行

開始コドン　initiation (intiator) codon ········ 72
解糖系　glycolysis ··················· 110, 116
可逆的阻害　reversible inhibitor ············ 55
核酸　nucleic acid ························ 66
核酸塩基　nucleic acid base ················ 67
環境ホルモン　endocrine disruptor ·········· 90
環状化合物　cyclic compound ·············· 8
カンファー　camphor ···················· 88

拮抗阻害　competitive inhibitor ············ 55
機能性タンパク質　functional protein ········ 44
ギブズの自由エネルギー　Gibs free energy ···· 53
逆転写酵素　reverse transcryptase ··········· 71
求核性　nucleophilicity ··················· 14
求核反応剤　nucleophile ·················· 13
競争阻害　competitive inhibitor ············ 55
共鳴効果　resonance effect ················ 5
共鳴構造式　resonance structure ············ 6
極限構造式　canonical structure ············ 6
キラル　chiral ··························· 11

グアニン　guanine ······················· 67
グリオキシル酸サイクル　glyoxylic acid cycle
　　　　　　　　　　　　　　　　　···· 122
グリコーゲン　glycogen ·················· 29
グルコース　glucose ····················· 111
クレブスサイクル　Krebs cycle ············ 118
クロロフィル　chlorophyll ················ 28

血液型　blood group ····················· 33
ケト型　keto form ······················· 16

ケトース ketose	24
ゲノム genome	48
ゲラニオール geraniol	86
けん化性脂質 saponifiable lipid	78
好気的 aerobic	17
抗原抗体反応 immune response	28
交差アルドール cross aldol reaction	15
構成酵素 constitutive enzyme	73
構造タンパク質 structural protein	44
酵素阻害剤 enzyme inhibitor	55
抗体 antibody	45
コドン codon	70, 72
互変異性 tautomerism	16
孤立電子対 lone pair electrons	6
混成軌道 hybrid orbital	8

さ　行

最大速度 maximum velocity	49
サイトカイニン cytokinin	102
サブユニット subunit	41
三次構造 tertiary structure	41
酸 性 acidity	4
脂質二重層 lipid bilayer	2, 32
シグナル伝達 signal transduction	74
自殺阻害剤 suicide inhibitor	55
脂 質 lipid	78
脂質異常症 dyslipidemia	57
ジテルペン diterpene	84
シトシン cytosine	67
ジベレリン gibberellin	102
脂肪酸 fatty acid	78
終止コドン terminate codon	71
受容体 receptor	44
植物ホルモン plant hormone	101
女性ホルモン female hormone	90
水素結合 hydrogen bond	42, 43
スクワレン squalene	89
ステロイドホルモン steroid hormone	99
ストップコドン stop codon	71
スルホニウム塩 sulfonium salt	20
生成物阻害 product inhibition	55
性ホルモン sex hormone	90
セスキテルペン sesquiterpene	84
遷移状態 transition state	2
セントラルドグマ central dogma	71
相補的塩基 complementary base	67
疎水性結合 hydrophobic bond	42
疎水的相互作用 hydrophobic interaction	10

た　行

ダイオキシン dioxin	91
タキソール taxol	88
脱炭酸 decarboxylation	17
脱離能 leaving ability	7
多 糖 polysacchride	27
単純脂質 simple lipid	78
炭水化物 carbohydrate	24
男性ホルモン male hormone	90
炭素陰イオン carbanion	14, 19
炭素陽イオン carbonium ion	17, 18
単 糖 monosacchride	26
タンパク質 protein	38
チアミンピロリン酸 thiamine pyrophosphate	114
置換反応 substitution reaction	7
チミン thymine	67
チロシン tyrosine	92
ディールス－アルダー反応 Diels-Alder reaction	97
デオキシリボース deoxyribose	66
テルペン terpene	84
電解質コルチコイド mineralocorticoid	99
電気陰性度 electronegativity	4
電子密度 electron density	5
電子求引性 electron-withdrawing	5
電子供与性 electron-donating	5
電子伝達系 electron transfer system	123
デンプン starch	29
伝令 RNA messenger RNA	70
糖脂質 glycolipid	27
糖質コルチコイド glucocorticoid	99
糖タンパク質 glycoprotein	27
等電点 isoelectric point	37
動力学 kinetics	49
トランスアミナーゼ transaminase	125
トリテルペン triterpene	84

トリプトファン tryptophan ･･････････････････ 94

な 行

内分泌かく乱物質　endocrine disruptor ･･･････ 90

二次構造　secondary structure ･････････････････ 41
二重らせん構造　double strand ･････････････ 31, 68
ニューマン投影式　Newman projection･･･････････ 9

ヌクレオシド　nucleoside ･････････････････････ 66
ヌクレオチド　nucleotide ･････････････････････ 66

は 行

配座異性体　conformer ････････････････････････ 9
ハースの式　Haworth projection ･･････････････ 25
反拮抗阻害　anti-competitive inhibitor ･･･････ 55

ビオチン　biotin ･･････････････････････････････ 79
非可逆的阻害　irreversible inhibitor ･･･････････ 55
非局在化　delocalization ･･････････････････････ 5
必須アミノ酸　essential amino acid ･････････ 36
ピラノース　pyranose ･････････････････････････ 25
ビタミン　vitamine ･･････････････････････････ 103
ピリミジン　pyrimidine ･･････････････････････ 66
ピルビン酸　pyruvic acid ･･････････････････ 114
ピロリン酸ジメチルアリル
　　　　　　dimethylallyl pyrophosphate ･･････ 85

ファルネソール　farnesol ･･･････････････････････ 86
フィッシャーの投影式　Fischer projection ･･･ 128
フィードバック阻害　feedback inhibitor ･･････ 56
フェロモン　pheromone ･････････････････ 98, 102
複合脂質　complex lipid ･･････････････････････ 79
複合糖　glycoconjugate ･････････････････････ 27
不けん化性脂質　unsaponifiable lipid ････････ 78
不斉炭素　asymmetric carbon ･････････････････ 11
舟　形　boat form ･･･････････････････････････ 10
ブラシノライド　brassinolide ････････････････ 102
フラノース　furanose ･････････････････････････ 25
プリン　purine ････････････････････････････････ 66
フルクトース　fructose ･････････････････････ 111
プロキラリティ　prochirality ･･･････････････････ 12
プロキラル中心　prochiral center ･････････････ 12
プロキラル面　prochiral face ･･･････････････････ 12
プロモーター　promoter ･････････････････････ 73

ペプチド　peptide ････････････････････････････ 38
ペプチド系ホルモン　peptide hormone ･･････ 100
ヘミアセタール　hemiacetal ･････････････････ 17
変　成　denaturing ･････････････････････････ 42
ベンゾイン縮合　benzoin condensation ･･････ 19

補酵素　coenzyme ･･････････････････････ 12, 59
ボート型　boat form ･･････････････････････････ 10
ポリエーテル　polyether ･････････････････････ 98
ポリケチド　polyketide ････････････････････････ 95
翻訳後修飾　post-translational modification ････ 27

ま 行

マイケル受容体　Michael acceptor ･････････････ 16
マイケル反応　Michael reaction ･･･････････････ 16
マクロライド抗生物質　macrolide antibiotics ･･ 98

ミカエリス定数　Michaelis constant ･･･････････ 51
ミカエリス‐メンテンの式
　　　　　　Michaelis-Menten equation ･･･････ 51

無細胞抽出液　cell free extract ･････････････････ 48

免疫システム　immune system ････････････････ 45
メントール　menthol ････････････････････････ 88

モノテルペン　monoterpene ･･･････････････････ 84

や 行

誘起効果　induced effect ･････････････････････ 4
誘導酵素　inducible enzyme ････････････････ 73

四次構造　quaternary structure ････････････ 41

ら 行

ラインウィーバー‐バークの式
　　　　　　Lineweaver-Burk equation ･･･････ 51

リジン　lysine ････････････････････････････････ 93
立体障害　steric hindrance ･････････････････ 8
立体的嵩高さ　steric bulkiness ･･･････････････ 8
立体配座　conformation ･････････････････････ 9
立体配置　configuration ･･････････････････････ 11
立体反発　steric repulsion ･･･････････････････ 10
リプレッサー　repressor ･･･････････････････････ 73

リボース　ribose ･･････････････････････････ 66
リボソーム　ribosome ･･････････････････ 71
リモネン　limonene ････････････････････ 87
両逆数プロット　double reciprocal plot ･･･････ 51
両性イオン　bidentate ion････････････････ 37

レチナール　retinal ･･･････････････････ 88
レトロウィルス　retrovirus ････････････････ 71

ABC 順

α 構造　α-structure ･･････････････････ 26
α - ヘリックス　α-helix ･･････････････････ 40
β 構造　β-structure ････････････････････ 26
β - シート　β-sheet ････････････････････ 41
C 末端　C-terminus ･･････････････････････ 40
CH－π相互作用　CH-π interaction ･･････････ 42
DL 表示　DL definition ･････････････････ 128
ES 錯体　ES complex･･･････････････････ 50
N 末端　N-terminus ･･････････････････････ 40
PCR　polymerase chain reaction ･･････････ 72
RNA ポリメラーゼ　RNA polymerase ･･････ 73
RS 表示　RS definition ･･･････････････ 129
TCA サイクル　TCA cycle ･････････････ 118

著者略歴
太田博道
（おおた ひろみち）

1942 年	中国，大連生
1961 年	新潟県立新潟高校卒業
1965 年	東京大学理学部化学科卒業
1970 年	東京大学理系大学院博士課程修了　理学博士
1970 年	㈶相模中央化学研究所研究員
1982 年	慶應義塾大学理工学部化学科助教授
1990 年	慶應義塾大学理工学部化学科教授
2002 年	慶應義塾大学理工学部生命情報学科教授
2008 年	慶應義塾大学名誉教授
2009 年	長崎県公立大学法人理事長
2011 年	長崎県立大学学長
2019 年	長崎県立大学名誉教授

主要著書　生体反応論（三共出版）
　　　　　コンパクト基本有機化学（三共出版）
　　　　　ビギナーのための有機合成反応（三共出版）
　　　　　生体触媒を使う有機合成（講談社サイエンティフィク）
　　　　　物質の化学・有機化学（放送大学教育振興会）
　　　　　化学千夜一夜物語（化学同人）

これならわかる生物有機化学
（せいぶつゆうき かがく）

2010 年 11 月 20 日　初版第 1 刷発行
2023 年 10 月 10 日　初版第 3 刷発行

　　　　　　　　　　　Ⓒ 著者　太　田　博　道
　　　　　　　　　　　　　発行者　秀　島　　　功
　　　　　　　　　　　　　印刷者　入　原　豊　治

発行所　三共出版株式会社　東京都千代田区神田神保町 3 の 2
郵便番号 101-0051　振替 00110-9-1065
番号 03-3264-5711㈹ FAX 03-3265-5149

一般社団法人 日本書籍出版協会・一般社団法人 自然科学書協会・工学書協会　会員

Printed in Japan　　　　　　　　　　　印刷・製本・太平印刷社

JCOPY 〈（一社）出版者著作権管理機構 委託出版物〉
本書の無断複写は著作権法上での例外を除き禁じられています．複写される場合は，そのつど事前に，（一社）出版者著作権管理機構（電話03-5244-5088, FAX03-5244-5089, e-mail:info@jcopy.or.jp）の許諾を得てください．

ISBN978-4-7827-0632-9